Qualitätsanforderungen beim Schmelzschweißen metallischer Werkstoffe

Jetzt diesen Titel zusätzlich als E-Book downloaden und 70 % sparen!

Als Käufer dieses Buchtitels haben Sie Anspruch auf ein besonderes Kombi-Angebot: Sie können den Titel zusätzlich zum Ihnen vorliegenden gedruckten Exemplar für nur 30 % des Normalpreises als E-Book beziehen.

Der BESONDERE VORTEIL: Im E-Book recherchieren Sie in Sekundenschnelle die gewünschten Themen und Textpassagen. Denn die E-Book-Variante ist mit einer komfortablen Volltextsuche ausgestattet!

Deshalb: Zögern Sie nicht. Laden Sie sich am besten gleich Ihre persönliche E-Book-Ausgabe dieses Titels herunter.

In 3 einfachen Schritten zum E-Book:

❶ Rufen Sie die Website **www.beuth.de/e-book** auf.

❷ Geben Sie hier Ihren persönlichen, nur einmal verwendbaren E-Book-Code ein:

30967D96DA5KFB2

❸ Klicken Sie das „Download-Feld“ an und gehen dann weiter zum Warenkorb. Führen Sie den normalen Bestellprozess aus.

Hinweis: Der E-Book-Code wurde individuell für Sie als Erwerber dieses Buches erzeugt und darf nicht an Dritte weitergegeben werden. Mit Zurückziehung dieses Buches wird auch der damit verbundene E-Book-Code für den Download ungültig.

Qualitätsanforderungen beim Schmelzschweißen metallischer Werkstoffe

Jochen W. Mußmann

Qualitätsanforderungen beim Schmelzschweißen metallischer Werkstoffe

Kommentar zur Normenreihe DIN EN ISO 3834

2., aktualisierte Auflage 2022

Herausgeber:
DIN Deutsches Institut für Normung e. V.
DVS – Deutscher Verband für Schweißen und verwandte Verfahren e. V.

Herausgeber: DIN Deutsches Institut für Normung e. V.,
DVS – Deutscher Verband für Schweißen und verwandte Verfahren e. V.

Berlin · Wien · Zürich
Am DIN-Platz
Burggrafenstraße 6
10787 Berlin

Telefon: +49 30 2601-0
Telefax: +49 30 2601-1260
Internet: www.beuth.de
E-Mail: kundenservice@beuth.de

Aachener Straße 172
40223 Düsseldorf

Telefon: +49 211 1591-0
Telefax: +49 211 1591-250
Internet: www.dvs-media.eu
E-Mail: media@dvs-media.info

Maßgebend für das Anwenden jeder in diesem Werk erläuterten oder zitierten Norm ist deren Fassung mit dem neuesten Ausgabedatum. Den aktuellen Stand zu jeder DIN-Norm können Sie im Webshop des Beuth Verlags unter www.beuth.de abfragen. Dort finden Sie insbesondere etwaige Berichtigungen und Warnvermerke, welche bei der Anwendung der jeweiligen Norm unbedingt zu beachten sind.

Titelbild: © weyo, Nutzung unter Lizenz von stock.adobe.com
Satz: Beuth Verlag GmbH, Berlin
Druck: Plump Druck & Medien GmbH, Rheinbreitbach

Gedruckt auf säurefreiem, alterungsbeständigem Papier nach DIN EN ISO 9706

ISBN 978-3-410-30967-3 (Beuth Verlag)
ISBN (E-Book) 978-3-410-30968-0 (Beuth Verlag)
ISBN 978-3-96144-195-2 (DVS Media)

Vorwort

Seit dem Erscheinen der Normenreihe ISO 9001 bis ISO 9004 im Jahre 1987 gab es ein allgemeines, einheitliches, internationales Regelwerk für die Qualitätssicherungssysteme. Bei der Neuauflage der Normenreihe im Jahre 1994 erfolgte die Umbenennung des Titels in Qualitätsmanagementsysteme. Die Normenreihe ISO 9001 bis ISO 9004 enthält keine anwendungsspezifischen Angaben. So war für CEN/TC 121 „Schweißen“ klar, dass für die Anwendung dieser Normenreihe für die Prozesse Schweißen und verwandte Verfahren eine „Umsetzungsnorm“ benötigt wurde. CEN/TC 121/ SC 4 „Qualitätsmanagement für das Schweißen“ bekam den Auftrag, eine Norm für schweißtechnische Qualitätsanforderungen für das Schmelzschweißen metallischer Werkstoffe zu erarbeiten. 1994 erschien die Normenreihe EN 729 und wurde unverändert als ISO 3834 übernommen. Im Jahre 2005 wurde diese Normenreihe ISO 3834 durch EN ISO 3834-1 bis EN ISO 3834-5 ersetzt, wobei die deutsche Ausgabe DIN EN ISO 3834 erst im März 2006 erschien. Aufgrund der Änderungen in ISO 9001 wurde dann im Jahr 2021 die Normreihe ISO 3834 redaktionell überarbeitet und bezüglich der Verweisungen auf die Unterabschnitte der ISO 9001 Ausgabe 2015 aktualisiert.

Nur wenige der schweißtechnischen Normen, die von CEN/TC 121 oder von ISO/TC 44 „Schweißen und verwandte Prozesse“ erarbeitet worden sind, haben eine vergleichbare Akzeptanz erreicht wie die Normenreihe ISO 3834. Sowohl im ungeregelten Bereich wurde diese Normenreihe in die Liefervereinbarungen (Spezifikationen) eingearbeitet, als auch im geregelten Bereich übernahmen alle wichtigen europäischen Anwendungsnormen, z. B. für Druckgeräte, Dampfkessel, Rohrleitungen, Tragwerke aus Stahl oder Aluminium und für Schienenfahrzeuge, diese Basisnorm der Schweißtechnik. Die Grundlagen dieser Normenreihe stammen aus der ehemaligen deutschen Normenreihe DIN 8563 „Gütesicherung von Schweißarbeiten“. Die für das Schweißen qualitätsrelevanten Abschnitte der Normenreihe ISO 9001 bis ISO 9004 werden in DIN EN ISO 3834-1 erläutert. Zusammen mit DIN EN ISO 14731 (ehemals EN 719) „Schweißaufsicht – Aufgaben und Verantwortung“ hat die Normenreihe EN ISO 3834 und die Vorgängernorm EN 729 (ISO 3824) die schweißtechnischen Betriebe in Europa, aber auch in Japan, China und Kanada, verändert. Durch die „Öffnung“ in der neuen Normenreihe EN ISO 3834 – hinsichtlich der Anwendung von vergleichbaren nationalen Normen – beabsichtigen selbst die USA, diese Normenreihe in ihre schweißtechnischen Betriebe einzuführen.

Die bereits in der ersten Ausgabe von DIN 4100:1931 „Vorschriften für geschweißte Stahlbauten“ enthaltene – und später in DIN 8563 übernommene – deutsche schweißtechnische Grundphilosophie, dass geeignete betriebliche

Einrichtungen, ausgebildete und geprüfte Schweißer sowie in der Schweißtechnik besonders ausgebildete Ingenieure – dies führte später zur Schweißfachingenieurausbildung in den Schweißtechnischen Lehr- und Versuchsanstalten – in den Betrieben vorhanden sein müssen, wurde mit der Einführung von ISO 3834 in die Industrieländer außerhalb Deutschlands „exportiert".

Dieses Fachbuch soll den Betrieben eine Unterstützung bei der Umsetzung der schweißtechnischen Qualitätsanforderungen nach DIN EN ISO 3834-1 bis DIN EN ISO 3834-5 sein. Es soll aber auch dem Konstrukteur, dem Arbeitsvorbereiter, dem Abnahmeingenieur und vor allem den Mitarbeitern aus der Beschaffung (Einkauf, Materialwirtschaft) Informationen und Hilfe geben, worauf bei der Untervergabe von Schweißarbeiten unbedingt zu achten ist.

Es werden die wichtigsten schweißtechnischen Grundnormen, die bei Umsetzung der schweißtechnischen Qualitätsanforderungen zu beachten sind, erläutert und die zentralen Punkte dieser Normen bei der Anwendung vorgestellt.

Dem Leser soll deutlich gemacht werden, dass zertifizierte Qualitätsmanagementsysteme nur gut sind, wenn sie in der Werkstatt, auf der Baustelle und vor allem in der Geschäftsleitung „gelebt" werden. Wer das Zertifikat nach DIN EN ISO 3834, egal welche Stufe der Qualitätsanforderungen, nur zur „Werbung" benutzt, wird schnell Schiffbruch erleiden. Qualität kann nicht „erprüft", sondern das Qualitätssystem muss gelebt und Produkte danach hergestellt werden. Dazu soll dieses Fachbuch einen Beitrag leisten.

Die zweite, überarbeitete Auflage wurde notwendig, da sich zum einen geringe Änderungen in DIN EN ISO 3834-Reihe ergeben haben und zum anderen sich seit der Erstausgabe vor gut 15 Jahren auch damit verbundene andere Normen geändert haben. Mit dem Autor Rainer Zwätz, der leider im Dezember 2011 plötzlich verstarb, verband mich eine jahrzehntelange, über die Normung hinausgehende private Freundschaft. Von daher freue ich mich, sein Werk in der zweiten Auflage aktualisiert fortführen zu dürfen.

Für den Leser mag vielleicht ungewohnt sein, dass in diesem Buch bei jeder Norm, jeweils durch einen Doppelpunkt getrennt, das jeweilige Ausgabedatum der Norm aufgeführt ist. Der Grund liegt darin, dass hier detaillierte Abschnitte zitiert und besprochen werden. Da Normen in festen Abständen geprüft und ggf. überarbeitet und damit geändert veröffentlicht werden, soll der Bezug zu der jeweiligen Norm präzise wiedergegeben werden. So kann es sein, dass auch schon kurz nach Erscheinen dieses Buches eine hierin wiedergegebene Norm in überarbeiteter Fassung und damit möglicherweise mit geänderten Anforderungen veröffentlicht wird.

Meerbusch, im Juni 2022 Jochen Mußmann

Inhaltsverzeichnis

1 Qualitätsmanagementsysteme nach DIN EN ISO 9001

1.1 Geschichtliche Entwicklung von der Qualitätskontrolle über die Qualitätssicherung zum Qualitätsmanagementsystem

Qualitätsbewusstsein von Herstellern ist nicht eine Erscheinung der letzten 70 Jahre, wenn auch in diesem Zeitraum erst die Normen für Qualität, Qualitätssicherung und Qualitätsmanagement entwickelt worden sind. Schon bei den ägyptischen Pyramidenbauten wurden Qualitätskontrollen am Ende der Baumaßnahme durchgeführt. Im Mittelalter nahmen sich die Zünfte der Qualitätskontrolle an.

Die Qualitätskontrolle, die in der Regel am Ende aller Fertigungsschritte durchgeführt wird, ist eine relativ teure Qualitätsmaßnahme, da bei negativem Ergebnis entweder aufwendige Nacharbeiten oder das Verwerfen des Bauteils die Folge sind.

Mit Beginn der Fertigung von kerntechnischen Anlagen (etwa ab dem Jahre 1960) wurde die Art der qualitätssichernden Maßnahmen umgestellt und führte zur Einführung der Qualitätssicherung. Die Qualitätsverbesserung wurde vor allem durch vorbeugende Maßnahmen sichergestellt. Am Ende der Entwicklung stand die Erstausgabe der Normenreihe ISO 9001 „Qualitätssicherungssysteme" bis ISO 9004 „Qualitätsmanagement und Elemente eines Qualitätssicherungssystems" im Jahre 1987. Diese internationale Normenreihe wurde unverändert als europäische Normenreihe EN 29001 bis EN 29004 übernommen. Schon bald stellte sich heraus, dass diese Art der Qualitätssicherung den Betrieben erhebliche Kostenreduzierungen bringen kann, wenn sie sinnvoll durchgeführt und „gelebt" wird. Die Einbeziehung aller Mitarbeiter – vom Management bis zum Ausführenden – unter Einbeziehung der Entwicklungs- und der Konstruktionsabteilung führte im Jahre 1994 zur Neuausgabe der Normenreihe ISO 9001 bis ISO 9004. Sie war eine der ersten Normen, die entsprechend dem gerade zwischen CEN (europäische Normenorganisation) und ISO (internationale [weltweite] Normenorganisation) abgeschlossenem Normenabkommen, der „Wiener Vereinbarung", als EN ISO 9001 bis EN ISO 9004 veröffentlicht wurde, und fand schnell Eingang in Industrie, Dienstleistung, Handwerk und Handel. Im Jahre 2000 erschienen DIN EN ISO 9000 bis EN ISO 9004: 2000. Die Normenreihe war redaktionell – aber auch inhaltlich und im Aufbau – wesentlich verändert worden. Es gibt nur noch DIN EN ISO 9001 als alleinige Norm für die Anforderungen an Qualitätssicherungssysteme. Die vor 2000 bestandene Unterteilung zwischen komplettem Qualitätssicherungssystem vom Design bis zur Wartung (DIN EN ISO 9001:1994-08), dem Qualitätssicherungssystem von der Produktion bis zur Wartung (DIN EN ISO 9002: 1994) und dem Qualitätssicherungssystem bei der Endprüfung (DIN EN ISO 9003: 1994) wurde abgeschafft. DIN EN ISO 9000:2015-11 sowie DIN EN ISO 9004: 2018-08 wurden der neuen Philosophie von DIN EN ISO 9001:2015-11 angepasst.

Inzwischen sind in DIN EN ISO 9000 in den Jahren 2003 und 2005 einige Berichtigungen und Ergänzungen sowie Änderungen vorgenommen worden. Zum Zeitpunkt der Drucklegung dieses Fachbuches galt die Fassung DIN EN ISO 9000: 2015-11.

Die Entwicklung von der Qualitätskontrolle bis zum Qualitätsmanagement zeigt Bild 1.1.

Nachstehend sind die derzeitigen Titel der Normenreihe DIN EN ISO 9000, DIN EN ISO 9001 und DIN EN ISO 9004 „Qualitätsmanagementsysteme“ wiedergegeben:

- DIN EN ISO 9000:2015-11 „... – Grundlagen und Begriffe“
- DIN EN ISO 9001:2015-11 „... – Anforderungen“
- DIN EN ISO 9004:2018-08 „... – Qualität einer Organisation – Anleitung zum Erreichen nachhaltigen Erfolgs“.

Zusätzlich ist bei der Durchführung eines Audits von Qualitätsmanagement- und/oder von Umweltmanagementsystemen noch DIN EN ISO 19011:2018-10 „Leitfaden zur Auditierung von Managementsystemen“ zu beachten.

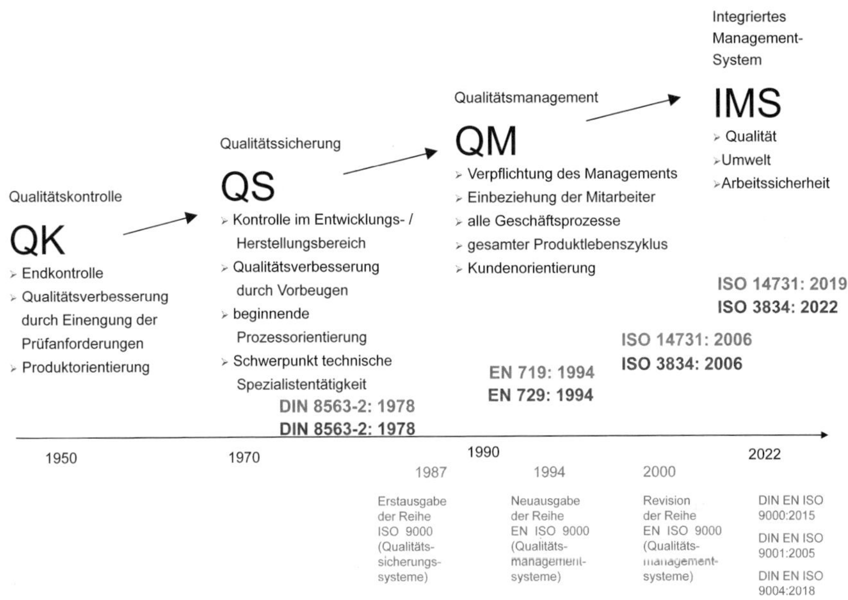

Bild 1.1: Von der Qualitätskontrolle zum integrierten (Qualitäts-)Management

1.2 Auszug von Begriffen aus DIN EN ISO 9000:2015-11

Nachstehend sind einige Begriffe aus dem Abschnitt 3 von DIN EN ISO 9000: 2015-11 wiedergegeben:

– **Qualität**

  (Abschnitt 3.6.2 von DIN EN ISO 9000:2015-11):

  Grad, in dem ein Satz inhärenter **Merkmale** (3.10.1) eines Objekts (3.6.1) **Anforderungen** (3.6.4) erfüllt

  Anmerkung 1 zum Begriff: Die Benennung „Qualität" kann zusammen mit Adjektiven wie schlecht, gut oder ausgezeichnet verwendet werden.

  Anmerkung 2 zum Begriff: „Inhärent" bedeutet im Gegensatz zu „zugeordnet" „einem Objekt (3.6.1) innewohnend".

- **Management (früher: Qualitätsmanagement)**

  (Abschnitt 3.3.3 von DIN EN ISO 9000:2015-11):

  Aufeinander abgestimmte Tätigkeiten zum Führen und Steuern einer Organisation (3.2.1)

  Anmerkung 1 zum Begriff: Management kann das Festlegen von Politiken (3.5.8), Zielen (3.7.1) und Prozessen (3.4.1) zum Erreichen dieser Ziele umfassen.

  Anmerkung 2 zum Begriff: Gelegentlich bezieht sich die Bezeichnung „Management" auf Personen, d. h. eine Person oder eine Personengruppe mit Befugnis und Verantwortung für die Führung und Steuerung einer Organisation. Wird „Management" in diesem Sinn verwendet, sollte es nicht ohne eine Art von Bestimmungswort verwendet werden, um Verwechselungen mit dem oben definierten Begriff „Management" zu vermeiden. Beispielsweise ist die Formulierung „Das Management muss ..." abzulehnen, während „Die oberste Leitung (3.1.1) (en.: top management) muss ..." annehmbar ist. Andernfalls sollten andere Benennungen eingeführt werden, um den Begriff zu vermitteln, wenn er sich auf Personen bezieht, z. B. leitende Personen oder Manager

- **Qualitätssicherung**

  (Abschnitt 3.3.6 von DIN EN ISO 9000: 2015-11):

  Teil des Qualitätsmanagements (3.3.4), der auf das Erzeugen von Vertrauen darauf gerichtet ist, dass Qualitätsanforderungen (3.6.5) erfüllt werden

- **Organisation**

  (siehe Abschnitt 3.2.1 von DIN EN ISO 9000:2015-11):

  Person oder Personengruppe, die eigene Funktionen mit Verantwortlichkeiten, Befugnissen und Beziehungen hat, um ihre Ziele (3.7.1) zu erreichen

  Anmerkung 1 zum Begriff: Der Begriff Organisation umfasst unter anderem Einzelunternehmer, Gesellschaft, Konzern, Firma, Unternehmen, Behörde, Handelsgesellschaft, Verband (3.2.8), Wohltätigkeitsorganisation, Institution, oder Teile oder eine Kombination der genannten, ob eingetragen oder nicht, öffentlich oder privat.

  Anmerkung 2 zum Begriff: Dieser Begriff stellt eine der gemeinsamen Benennungen und der Basisdefinitionen für ISO-Managementsystemnormen dar, die in ISO/IEC Directives, Part 1, Consolidated ISO Supplement, Anhang SL enthalten sind. Die ursprüngliche Definition wurde durch eine Änderung in Anmerkung 1 zum Begriff geändert.

- **Prozess**

  (Abschnitt 3.4.1 von DIN EN ISO 9000:2015-11):

  Satz zusammenhängender oder sich gegenseitig beeinflussender Tätigkeiten, der Eingaben zum Erzielen eines vorgesehenen Ergebnisses verwendet.

  Anmerkung 1 zum Begriff: Ob das „vorgesehene Ergebnis" eines Prozesses Ergebnis (3.7.5), Produkt (3.7.6) oder Dienstleistung (3.7.7) genannt wird, ist abhängig vom Bezugskontext.

  Anmerkung 2 zum Begriff: Eingaben für einen Prozess sind üblicherweise Ergebnisse anderer Prozesse und Ergebnisse aus einem Prozess sind üblicherweise Eingaben für andere Prozesse.

  Anmerkung 3 zum Begriff: Zwei oder mehr zusammenhängende und sich gegenseitig beeinflussende, aufeinanderfolgende Prozesse können auch als ein Prozess bezeichnet werden.

  Anmerkung 4 zum Begriff: Prozesse in einer **Organisation** (3.2.1) werden üblicherweise geplant und unter beherrschten Bedingungen durchgeführt, um Mehrwert zu schaffen.

  Anmerkung 5 zum Begriff: Ein Prozess, bei dem die **Konformität** (3.6.11) des dabei **erzeugten Ergebnisses** nicht ohne Weiteres oder in wirtschaftlicher Weise validiert werden kann, wird häufig als **„spezieller Prozess"** bezeichnet.

1.3 Prozessorientiertes Qualitätsmanagementsystem

Die Norm DIN EN ISO 9001:2015-11 „Qualitätsmanagementsysteme – Anforderungen" beschreibt ein prozessorientiertes Qualitätsmanagementsystem, siehe Bild 1.2 (Bild 1 von DIN EN ISO 9001:2015-11).

Die ständige Verbesserung der Qualität, aber auch der Prozesse durch eine ständige Verbesserung des (Qualitäts-)Managementsystems muss das Ziel sein. Die Zufriedenheit des Kunden und anderer interessierter Parteien soll erreicht oder bewahrt werden. Dies ist die Verantwortung der Leitung eines Unternehmens und muss oberstes Qualitätsziel einer Organisation sein! Diese stetige Überprüfung geschieht nach dem PDCA-Zyklus („Planen-Durchführen-Prüfen-Handeln"-Zyklus).

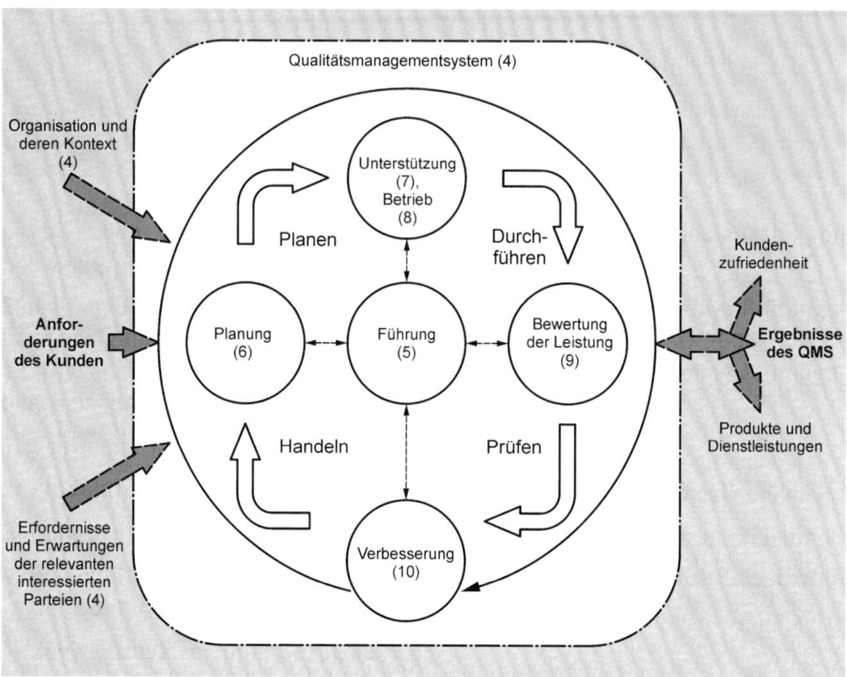

Bild 1.2: Darstellung der Struktur dieser Norm im PDCA-Zyklus (Bild 2 von DIN EN ISO 9001:2015)

Die Zahlen in Klammern beziehen sich auf die Abschnitte in dieser Internationalen Norm DIN EN ISO 9001:2015-11.

1.4 Umsetzen von DIN EN ISO 9001:2000 in den Anwendungsbereichen

In vielen – aber nicht in allen – Anwendungsbereichen des gesetzlich geregelten Bereiches wird ein zertifiziertes Qualitätsmanagementsystem auf Basis von (DIN EN) ISO 9001 verlangt. Eine der Ausnahmen ist der bauaufsichtliche Bereich in der Bundesrepublik Deutschland, der derzeitig nach dem Europäischen Regelwerk EN 1090-1 kein zertifiziertes Qualitätsmanagementsystem fordert. Die Eigenverantwortung des Herstellers in Verbindung mit dem System der Herstellerqualifikationen (früher als Eignungsnachweise bekannt) war und ist eine Garantie für die Qualität im bauaufsichtlichen Bereich. Dies wird weiterhin auch in Europa gelten. Nach EN 1090-1 wird (nur) eine Zertifizierung hinsichtlich der Wirksamkeit der werkseigenen Produktionskontrolle für die Vergabe des europäischen Konformitätszeichens CE erforderlich. Die werkseigene Produktionskontrolle nach EN 1090-1:2009+A1:2011 „Ausführung von Stahltragwerken und Aluminiumtragwerken – Teil 1: Konformitätsnachweisverfahren für tragende Bauteile“ verlangt zwar kein zertifiziertes Qualitätsmanagementsystem, aber bei Vorhandensein eines zertifizierten Qualitätsmanagementsystems sind nur noch die produktspezifischen Anforderungen der jeweiligen Anwendungsnorm oder der Produktspezifikation zusätzlich zu erfüllen.

Durch das europäische Produkthaftungsgesetz und die damit verbundenen Normen zum Qualitätsmanagement wird zukünftig jedoch auch im bauaufsichtlichen Bereich wie im Schienenfahrzeugbau und in anderen Anwendungsbereichen, in denen zurzeit das Regelwerk noch nicht eine Zertifizierung des Qualitätsmanagementsystems fordert, der „Druck“ auf die ausführenden Unternehmen zunehmen und vermehrt die Forderung nach zertifizierten Qualitätsmanagementsystemen ertönen. Liefervereinbarungen oder Projektspezifikationen können bereits jetzt den Nachweis eines zertifizierten Qualitätsmanagementsystems verlangen, auch wenn das Anwendungsregelwerk EN 1090-2:2018 „Ausführung von Stahltragwerken und Aluminiumtragwerken – Teil 2: Technische Regeln für die Ausführung von Stahltragwerken“ eine derartige Forderung nicht enthält.

Das Qualitätsmanagementsystem soll nicht Kosten erzeugen, sondern (vor allem Nachbesserungs-, Reparatur- und Gewährleistungs-)Kosten reduzieren. Nur ein „gelebtes“ Qualitätsmanagementsystem wird dies ermöglichen. Geschäftsleitung und Belegschaft müssen hinter der Idee und der Funktion des Qualitätsmanagementsystems stehen. Ein Qualitätsmanagementsystem, bei dem nur das Zertifikat als Werbemittel oder als „Tapete“ auf der Direktionsetage des Unternehmens angestrebt worden ist, wird keine Effekte und Einsparungen bringen, sondern nur Kosten für die Darstellung der Prozesse und die Zertifizierung verursachen. Ein „gelebtes" Qualitätsmanagementsystem wird helfen, Fehler zu vermeiden und Änderungen in allen Prozessen so rechtzeitig wie irgend möglich vorzunehmen. Die Zusammenhänge zwischen dem Zeitpunkt einer Änderung und den damit verbundenen Möglichkeiten von Kosteneinsparungen sind in Bild 1.3 dargestellt.

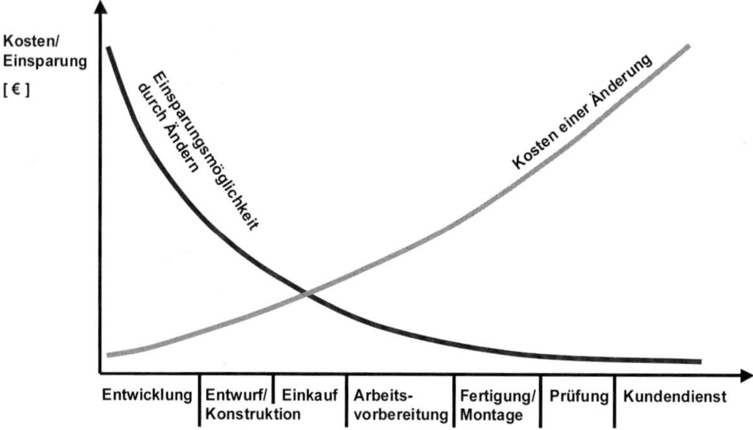

Bild 1.3: Auswirkung der Änderung eines Bauteils hinsichtlich Kosteneinsparung

2 DIN EN ISO 3834 – Normenreihe zur Erfüllung von Qualitätsanforderungen beim Schmelzschweißen metallischer Werkstoffe

2.1 Geschichte der Normenreihe DIN EN ISO 3834

In dem europäischen Normungsunterkomitee CEN/TC 121/SC 4 „Quality management in the field of welding“ (Vorsitz und Sekretariat Deutschland) bestand von Beginn der europäischen Normungsarbeit an der Leitsatz, dass der Fertigungsprozess Schweißen ein „spezieller Prozess“ im Sinne des Abschnitts 3.4.1 von DIN EN ISO 9001:2015-11 (vergleiche 1.2) ist. Ähnliches gilt sicher auch für die Fertigungsprozesse Korrosionsschutz oder Kleben, bei denen – wie beim Schweißen – die Qualität nicht allein durch Endprüfungen sichergestellt werden kann.

DIN EN ISO 9001:2015-11 gilt für alle Anwendungen, für Dienstleistungen, für die Herstellung im Betrieb oder auf der Baustelle, für Reparaturarbeiten und auch für den Handel oder das Handwerk. DIN EN ISO 9001 enthält aber keine prozessspezifischen Festlegungen oder Aussagen.

Deshalb wurde damals für den „speziellen Prozess“ **Schweißen** die Normenreihe DIN EN 729 „Schweißtechnische Qualitätsanforderungen – Schmelzschweißen metallischer Werkstoffe“ entwickelt. Sie erschien erstmalig im November 1994 und wurde unverändert von dem internationalen (weltweiten) Normungsunterkomitee ISO/TC 44/SC 10 „Quality management in the field of welding“ als ISO 3834 übernommen. Die Normenreihe wurde im Rahmen der Wiener Vereinbarung von der Arbeitsgruppe ISO/TC 44/SC 10/WG 3 „Überarbeitung von ISO 3834“, ebenfalls unter deutschem Vorsitz und Sekretariat (DIN-NAS), überarbeitet und ist im Jahre 2005 als EN ISO 3834 und 2006 als DIN EN ISO 3834 neu erschienen.

Im Rahmen der turnusmäßigen systematischen Umfrage im Jahre 2020 ergab sich die Notwendigkeit, die Normenreihe an die geänderten Anforderungen von ISO 9001:2015 anzupassen. Die Normenreihe ISO 3834 enthält viele Merkmale, die zu einem QMS nach ISO 9001 beitragen.

Bearbeitet wird diese Normenreihe heute im ISO/TC 44/SC 10. Die Normen der Teile 1 bis 5 wurden bei ISO im Jahr 2021 veröffentlicht. Bedingt durch die parallele Abstimmung, diese ISO-Normen auch in Europa als EN ISO-Norm und damit dann in Deutschland als DIN EN ISO-Norm zu veröffentlichen, gab es Verzögerungen bei der Veröffentlichung, sodass die unterschiedlichen Teile in Deutschland leider auch unterschiedliche Ausgabedaten tragen.

Qualitätsanforderungen für das Schmelzschweißen von metallischen Werkstoffen nach (DIN EN) ISO 3834:

DIN EN ISO 3834-1:2022-10 „Kriterien für die Auswahl der geeigneten Stufe der Qualitätsanforderungen (ISO 3834-1:2021); Deutsche Fassung EN ISO 3834-1:2021“;

DIN EN ISO 3834-2:2021-08 „Umfassende Qualitätsanforderungen (ISO 3834-2:2021); Deutsche Fassung EN ISO 3834-2:2021“;

DIN EN ISO 3834-3:2021-08 „Standard-Qualitätsanforderungen (ISO 3834-3:2021); Deutsche Fassung EN ISO 3834-3:2021“;

DIN EN ISO 3834-4:2021-08 „Elementare Qualitätsanforderungen (ISO 3834-4:2021); Deutsche Fassung EN ISO 3834-4:2021“;

DIN EN ISO 3834-5:2021-08 „Dokumente, deren Anforderungen erfüllt werden müssen, um die Übereinstimmung mit den Qualitätsanforderungen nach ISO 3834-2, ISO 3834-3 oder ISO 3834-4 nachzuweisen (ISO 3834-5:2021); Deutsche Fassung EN ISO 3834-5:2021“.

Der Teil 6, derzeit DIN-Fachbericht CEN ISO/TR 3834-6:2007-05 „Qualitätsanforderungen für das Schmelzschweißen von metallischen Werkstoffen – Teil 6: Richtlinie zur Einführung von ISO 3834 (ISO/TR 3834-6:2007); Deutsche Fassung CEN ISO/TR 3834-6:2007“ wird für das Jahr 2023 erwartet und wird dann als DIN EN ISO 3834-6 und nicht mehr als DIN-Fachbericht veröffentlicht.

In (DIN EN) ISO 3834-1.2022-01 wurde der Abschnitt 6 der ISO 9001:2015 angepasst. Dieser Abschnitt enthält solche QMS-Bestandteile, deren Einführung der Hersteller berücksichtigen sollte, um die Qualitätsanforderungen nach der Normenserie ISO 3834 zu unterstützen:

a) Lenkung von Dokumenten und Aufzeichnungen (siehe ISO 9001:2015, 7.5);

b) Verantwortung der Leitung (siehe ISO 9001:2015, 5.3);

c) Bereitstellung von Ressourcen (siehe ISO 9001:2015, 7.1);

d) Fähigkeit, Bewusstsein und Schulung des ausführenden Personals (siehe ISO 9001:2015, 7.2, 7.3 und Abschnitt 10);

e) Planung der Produktrealisierung (siehe ISO 9001:2015, 8.2, 8.3, 8.4, 8.5, und ISO 10005);

f) Ermittlung der Anforderungen in Bezug auf das Produkt (siehe ISO 9001:2015, 8.2.2 und 8.2.4);

g) Überprüfung der Anforderungen in Bezug auf das Produkt (siehe ISO 9001:2015, 8.2.3);

h) Beschaffung (siehe ISO 9001:2015, 8.4);
i) Validierung der Prozesse (siehe ISO 9001:2015, 8.4 und 8.5.1);
j) Eigentum des Kunden (siehe ISO 9001:2015, 8.5.3);
k) Internes Audit (siehe ISO 9001:2015, 9.2);
l) Überwachung und Messung des Produkts (siehe ISO 9001:2015, 9.1.3);
m) Steuerung von extern bereitgestellten Prozessen, Produkten und Dienstleistungen (siehe ISO 9001:2015, 8.4);
n) Steuerung der Produktion und der Dienstleistungserbringung (siehe ISO 9001: 2015, 8.5.1).

In Teilen 2 und 3 wurden jeweils gegenüber DIN EN ISO 3834-2:2006-03 folgende Änderungen vorgenommen:

a) Aktualisierung der Verweisungen auf die neueste Ausgabe von ISO 3834-5;
b) Neufassung des Abschnitts 16 über Kalibrierung und Validierung von Messgeräten;
c) redaktionelle Überarbeitung des Dokuments.

Im Teil 4 wurden gegenüber DIN EN ISO 3834-4:2006-03 folgende Änderungen vorgenommen:

a) Aktualisierung der Verweisungen in 7.2 und 8.2 auf die neueste Ausgabe von ISO 3834-5;
b) redaktionelle Überarbeitung des Dokuments.

Im Teil 5 Gegenüber DIN EN ISO 3834-5:2015-11 wurden folgende Änderungen vorgenommen:

a) Norm redaktionell überarbeitet;
b) die Liste der Schweißprozesse wurde erweitert, z. B. Laserhybridschweißen;
c) informativer Anhang A (Leitfaden zum Qualifizierungs-/Ausbildungsschema für das Schweißaufsichts- und Schweißgüteprüfpersonal) wurde gelöscht. Grund war der ISO- Guide ISO Guide „Competition Law Guidelines for Participants“, der sinngemäß besagt:

   „Fügen Sie keine Elemente in Normen ein, die Lieferanten und Wettbewerber aus irgendeinem anderen Grund außer technischen Erwägungen aus dem Markt ausschließen“.

Im alten Anhang A wurde auf IIW-Ausbildungsrichtlinien (International Institute of Welding) verwiesen, was nach diesem Guide nicht zulässig wäre und eine normative Wettbewerbsverzerrung darstellen würde.

2.2 Aufbau und Inhalt der Normenreihe DIN EN ISO 3834

Die Normenreihe DIN EN ISO 3834, Qualitätsanforderungen für das Schmelzschweißen von metallischen Werkstoffen, enthält die nachstehenden Teile:

- Teil 1: Kriterien zur Auswahl der geeigneten Stufe der Qualitätsanforderungen;
- Teil 2: Umfassende Qualitätsanforderungen;
- Teil 3: Standard-Qualitätsanforderungen;
- Teil 4: Elementare Qualitätsanforderungen;
- Teil 5: Dokumente, deren Anforderungen erfüllt werden müssen, um die Übereinstimmung mit den Anforderungen nach ISO 3834-2, ISO 3834-3 oder ISO 3834-4 nachzuweisen.
- Teil 6: Richtlinie zur Einführung von ISO 3834.

Ursprünglich war dieser Teil 6 bis zur Ausgabe 2007 ein Technical Report, in Deutschland ein DIN-Fachbericht, da er als Anleitung zur Implementierung der Normenreihe ISO 3834 in einem Betrieb gedacht war. Da dieser Teil 6 aber Anforderungen enthält, wurde in ISO /TC44/SC10 im Jahr 2021 beschlossen, diesen Teil als ISO-Norm herauszugeben.

In der Einleitung zur DIN EN ISO 3834-1:2022-01 wird darauf hingewiesen: „Die Spezifizierung der Qualitätsanforderungen für Schweißprozesse ist wichtig, weil die Qualität dieser Prozesse nicht ohne weiteres oder wirtschaftlich validiert werden kann. Deshalb werden sie als spezielle Prozesse bezeichnet, siehe ISO 9000:2015.“ sowie „Qualität kann nicht in ein Erzeugnis hineingeprüft, sondern muss in ihm erzeugt werden. Selbst die umfassendste und höchstentwickelte zerstörungsfreie Prüfung verbessert nicht die Qualität des Erzeugnisses.“

Letzteres Zitat ist von der Aussage her identisch mit einem Sprichwort, das in Deutschland seit Jahrzehnten bereits im bauaufsichtlichen Bereich angewendet wird:

„Qualität lässt sich nicht erprüfen, sondern muss hergestellt werden!“

Die Normenreihe DIN EN ISO 3834 ist das zentrale weltweite Normenwerk in der Schweißtechnik zur Sicherstellung der Qualitätsanforderungen. Nach der neuen Philosophie der Normenreihe DIN EN ISO 3834 kann auch mit anderen Regelwerken als den in DIN EN ISO 3834-5 genannten Internationalen Normen (ISO) die Übereinstimmung mit den Qualitätsanforderungen von ISO 3834-2, ISO 3834-3 oder ISO 3834-4 nachgewiesen werden.

Bild 2.1 zeigt Normen zur Sicherstellung der Qualitätsanforderungen in der Schweißtechnik.

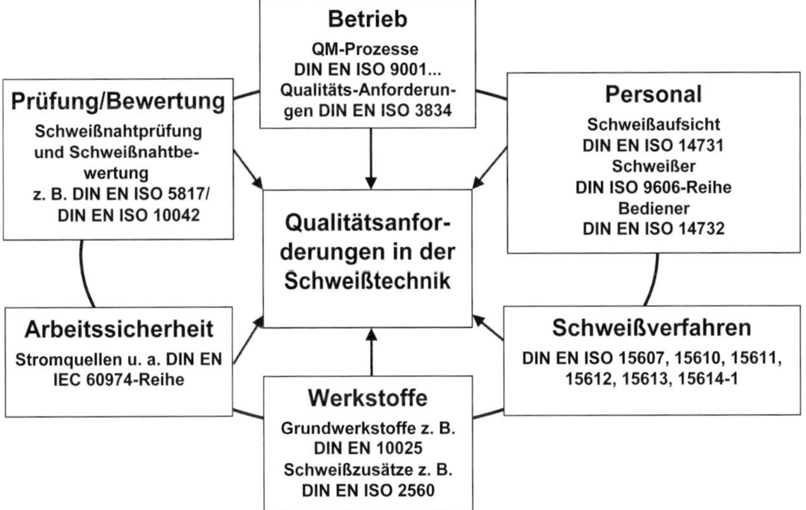

Bild 2.1: Normen zur Sicherstellung der Qualitätsanforderungen in der Schweißtechnik

In der Normenreihe DIN EN ISO 3834 gibt es drei Stufen der Qualitätsanforderungen:

- Elementare Qualitätsanforderungen (beschrieben in DIN EN ISO 3834-4);
- Standard-Qualitätsanforderungen (beschrieben in DIN EN ISO 3834-3);
- Umfassende Qualitätsanforderungen (beschrieben in DIN EN ISO 3834-2).

Die Anforderungen steigen vom Teil 4 (Elementare Qualitätsanforderungen) über den Teil 3 (Standard-Qualitätsanforderungen) zum Teil 2 (Umfassende Qualitätsanforderungen). Lässt sich ein Schweißbetrieb nach einem Teil dieser Norm zertifizieren, schließt ein ausgestelltes Zertifikat in einer höheren Stufe der Qualitätsanforderungen die niedrige Stufe ein.

Anhang A von DIN EN ISO 3834-1:2022-01 enthält eine Übersicht (im Anhang A „Kriterien für die Auswahl von ISO 3834-2, ISO 3834-3 und ISO 3834-4" genannt) für die Elemente der Normenreihe (siehe Tabelle 2.1). Diese Tabelle gibt einen vereinfachten Überblick bei der Auswahl des zu wählenden Teils der Normenreihe (siehe Kapitel 2.5).

Tabelle 2.1: Kriterien für die Auswahl von ISO 3834-2, ISO 3834-3 und ISO 3834-4 (Tabelle aus Anhang A von DIN EN ISO 3834-1:2022-01)

Nr.	Element	ISO 3834-2	ISO 3834-3	ISO 3834-4
1	Überprüfung der Anforderungen	Überprüfung wird gefordert		
		Dokumentation wird gefordert	Dokumentation kann gefordert werden	Dokumentation wird nicht gefordert
2	Technische Überprüfung	Überprüfung wird gefordert		
		Dokumentation wird gefordert	Dokumentation kann gefordert werden	Dokumentation wird nicht gefordert
3	Untervergabe	Behandlung wie ein Hersteller für die speziellen Produkte, Dienstleistungen und/oder Aktivitäten, die untervergeben werden; unabhängig davon bleibt die Endverantwortung für die Qualität beim Hersteller		
4	Schweißer und Bediener	Qualifizierung wird gefordert		
5	Schweißaufsichts-personal	wird gefordert		keine spezielle Anforderung
6	Überwachungs- und Prüfpersonal	Qualifizierung wird gefordert		
7	Produktions- und Prüfeinrichtungen	geeignet und verfügbar, wie erforderlich, für Vorbereitung, Prozessausführung, Prüfen, Transport und Anheben in Verbindung mit den Sicherheitseinrichtungen und den Schutzbekleidungen		
8	Instandhaltung der Einrichtung	notwendig, um die Produktkonformität bereitzustellen, instand zu halten und zu erzielen		keine spezielle Anforderung
		dokumentierte Pläne und Aufzeichnungen werden gefordert	Aufzeichnungen werden empfohlen	
9	Beschreibung der Einrichtungen	Liste wird gefordert		keine spezielle Anforderung
10	Fertigungsplanung	wird gefordert		keine spezielle Anforderung
		dokumentierte Pläne und Aufzeichnungen werden gefordert	dokumentierte Pläne und Aufzeichnungen werden empfohlen	
11	Schweißanweisungen	werden gefordert		keine spezielle Anforderung
12	Qualifizierung der Schweißverfahren	wird gefordert		keine spezielle Anforderung
13	Losprüfung der Schweißzusätze	falls gefordert	keine spezielle Anforderung	
14	Lagerung und Handhabung der Schweißzusätze	ein Verfahren wird gefordert, das den Empfehlungen des Lieferanten entspricht		nach den Empfehlungen des Lieferanten
15	Lagerung der Grundwerkstoffe	Schutz gegen Umwelteinflüsse wird gefordert; Kennzeichnung muss bei der Lagerung erhalten bleiben		keine spezielle Anforderung

<table>
<tr><th>Nr.</th><th>Element</th><th>ISO 3834-2</th><th>ISO 3834-3</th><th>ISO 3834-4</th></tr>
<tr><td rowspan="2">16</td><td rowspan="2">Wärmenachbehandlung</td><td colspan="2">Bestätigung, dass die Anforderungen der Produktnorm oder der Spezifikationen erfüllt worden sind</td><td rowspan="2">keine spezielle Anforderung</td></tr>
<tr><td>Verfahren, Aufzeichnung und Rückverfolgbarkeit der Aufzeichnung zum Produkt werden gefordert</td><td>Verfahren und Aufzeichnungen werden gefordert</td></tr>
<tr><td>17</td><td>Überwachung und Prüfung vor, während und nach dem Schweißen</td><td colspan="2">wird gefordert</td><td>falls gefordert</td></tr>
<tr><td>18</td><td>Mangelnde Übereinstimmung und Korrekturmaßnahmen</td><td colspan="2">Kontrollmaßnahmen müssen eingeführt sein
Verfahren für Reparatur und/oder Korrektur werden gefordert</td><td>Kontrollmaßnahmen müssen eingeführt sein</td></tr>
<tr><td>19</td><td>Kalibrierung oder Validierung der Mess-, Überwachungs- und Prüfgeräte</td><td>wird gefordert</td><td>falls gefordert</td><td>keine spezielle Anforderung</td></tr>
<tr><td>20</td><td>Kennzeichnung während der Verarbeitung</td><td colspan="2">falls gefordert</td><td>keine spezielle Anforderung</td></tr>
<tr><td>21</td><td>Rückverfolgbarkeit</td><td colspan="2">falls gefordert</td><td>keine spezielle Anforderung</td></tr>
<tr><td>22</td><td>Qualitätsaufzeichnungen</td><td colspan="3">falls gefordert</td></tr>
</table>

Die Teile DIN EN ISO 3834-2, DIN EN ISO 3834-3 und DIN EN ISO 3834-4 enthalten keine normativen Verweisungen. Normative Verweisungen sind Hinweise auf bestimmte Normen, die eingehalten werden müssen, um eben diese Norm in Gänze zu erfüllen. Diese normativen Verweisungen sind zusammengefasst im Teil 5. Dies hat den Vorteil, dass bei Änderungen bei den zitierten Normen nur der Teil 5 angepasst werden muss. Im Abschnitt 1 „Anwendungsbereich" dieses Teils ist ausgeführt:

Dieses Dokument legt die Internationalen Normen einschließlich der Abschnitte und Unterabschnitte fest, mit denen die Übereinstimmung mit den Qualitätsanforderungen nach ISO 3834-2, ISO 3834-3 oder ISO 3834-4 nachgewiesen werden kann."

Neben der Anwendung der ISO-Dokumente zur Erfüllung der Qualitätsanforderungen nach ISO 3834-2, ISO 3834-3 oder ISO 3834-4, die in Tabelle 1 bis Tabelle 10 von DIN EN ISO 3834-5 aufgeführt sind, bietet die Norm dem Hersteller auch noch die Möglichkeit der Anwendung von anderen Dokumenten. Die sind nach Abschnitt 4.1 b) Normen, welche technisch gleichwertige Bedingungen enthalten wie die in Tabelle 1 bis Tabelle 10 aufgeführten ISO-Dokumente oder nach Abschnitt 4.1 c) die Anwendung von abweichenden unterstützenden Normen, wenn diese in den Anwendungsnormen, die vom Hersteller benutzt werden, gefordert werden.

Es ist jedoch die Verantwortung des Herstellers, die gleichwertigen technischen Bedingungen nachzuweisen, wenn andere Dokumente als in DIN EN ISO 3834-5:2022-01 Abschnitt 4.1 a) festgelegt angewendet werden. Bei Zertifikaten, die aufgrund einer Bewertung durch eine unabhängige Zertifizierungsstelle ausgestellt werden, oder bei Beweisen der Übereinstimmung mit einem Teil von ISO 3834 durch einen Hersteller, müssen die Dokumente, die vom Hersteller benutzt worden sind, eindeutig bestimmt werden.

Weiterhin heißt es im Text in DIN EN ISO 3834-5:2022-01 in Abschnitt 4.3:

Die Zertifizierungsorganisation oder der Hersteller, der die Übereinstimmung mit ISO 3834-2, ISO 3834-3 oder ISO 3834-4 beansprucht, muss die unterstützenden Normen oder Dokumente im Zertifikat aufführen.

Bezogen auf den obig zitierten Abschnitt 4.1 c) aus DIN EN ISO 3835-5:2022 bleibt abzuwarten, wie viele Unternehmen auf andere Normen als die in den Tabellen aufgeführten ISO-Normen in ihren Zertifikaten referenzieren möchten. Dabei ist auch darauf hinzuweisen, dass viele andere nationale Dokumente geringere Anforderungen enthalten als z. B. ISO 9606-1 für Schweißerprüfungen oder ISO 15614-1 Stufe 1 für Schweißverfahrensprüfungen. Werden andere Normen angewendet, müssen diese auch im Zertifikat gelistet werden.

2.3 Anwendungen der Normenreihe DIN EN ISO 3834

In der Einleitung von DIN EN ISO 3834-1:2022-01 sind Aussagen zur Benutzung der Normenreihe DIN EN ISO 3834 enthalten, die nachstehend wiedergegeben sind:

> Prozesse wie Schmelzschweißen werden in großem Umfang eingesetzt, um viele Produkte herzustellen. In einigen Firmen nehmen sie eine Schlüsselstellung in der Fertigung ein. Die Produkte können im Bereich einfach bis komplex liegen. Beispiele sind: Druckbehälter, Haushalts- und Agrargeräte, Krane, Brücken, Transportfahrzeuge und andere Gegenstände.
>
> Diese Prozesse üben einen entscheidenden Einfluss auf die Herstellungskosten und die Qualität des Erzeugnisses aus. Daher ist es wichtig sicherzustellen, dass diese Prozesse in der effektivsten Weise ausgeführt werden und dass für alle Vorgänge geeignete Überwachungen vorgesehen werden.
>
> Es wird darauf hingewiesen, dass die Normenreihe ISO 3834 keine Norm für ein Qualitätsmanagementsystem (QMS) ist, die ISO 9001:2015 ersetzt. Sie kann aber ein hilfreiches Werkzeug sein, wenn ISO 9001:2015 vom Hersteller angewendet wird.
>
> Die Spezifizierung der Qualitätsanforderungen für Schweißprozesse ist wichtig, weil die Qualität dieser Prozesse nicht ohne weiteres oder wirtschaftlich validiert werden kann. Deshalb werden sie als spezielle Prozesse bezeichnet, siehe ISO 9000:2015.
>
> Qualität kann nicht in ein Erzeugnis hineingeprüft, sondern muss in ihm erzeugt werden. Selbst die umfassendste und höchstentwickelte zerstörungsfreie Prüfung verbessert nicht die Qualität des Erzeugnisses.
>
> Damit Produkte frei von ernsthaften Problemen bei der Herstellung und beim Einsatz sind, ist es notwendig, vom Konstruktionsstadium über die Werkstoffauswahl bis zur Herstellung und der nachfolgenden Prüfung Kontrollen vorzusehen. Zum Beispiel kann eine schlechte Konstruktion ernsthafte und kostenträchtige Schwierigkeiten in der Werkstatt, auf der Baustelle oder während des Einsatzes hervorrufen. Eine falsche Werkstoffauswahl kann zu Problemen, z. B. zu Rissen in Schweißverbindungen, führen.
>
> Um eine vernünftige und erfolgreiche Herstellung sicherzustellen, muss das Management die Quellen möglicher Schwierigkeiten erkennen und geeignete Verfahren für ihre Kontrollen einführen.

Die Normenreihe ISO 3834 nennt Maßnahmen für verschiedene Situationen. Übliche Anwendungen dieser Normen können folgende Fälle sein:

- bei Vertragsverhandlungen: Festlegungen der schweißtechnischen Qualitätsanforderungen;
- für Hersteller: Einführung und Aufrechterhaltung der schweißtechnischen Qualitätsanforderungen;
- für Ausschüsse, die Bauvorschriften oder Anwendungsnormen vorbereiten: Festlegung der schweißtechnischen Qualitätsanforderungen;
- für Organisationen, die die Qualitätsausführung bewerten, z. B. unabhängige Prüfstellen, Kunden oder Hersteller.

Die Normenreihe ISO 3834 kann von internen und externen Organisationen, eingeschlossen Zertifizierungsstellen, benutzt werden, um die Fähigkeit des Herstellers zu bewerten, die Anforderungen des Kunden, gesetzliche Bestimmungen oder die eigenen Anforderungen des Herstellers zu erfüllen.

Abschnitt 4 zur „Allgemeinen Auslegung der Normenreihe ISO 3834“ von DIN EN ISO 3834-1:2022-01 enthält Aussagen zum Aufbau und zur Anwendung der Normenreihe DIN EN ISO 3834. Diese sind nachstehend auszugsweise wiedergegeben:

Die Normenreihe ISO 3834 legt die geeigneten Qualitätsanforderungen für Schmelzschweißprozesse von metallischen Werkstoffen fest. Die Anforderungen, die in diesem Dokument enthalten sind, können für andere Schweißprozesse übernommen werden. Diese Anforderungen beziehen sich nur auf solche Aspekte der Produktqualität, welche durch das Schmelzschweißen beeinflusst werden können. Dabei sind die Anforderungen keiner bestimmten Produktgruppe zugeordnet.

Daher enthält die Normenreihe ISO 3834 ein Verfahren, um die Fähigkeit eines Herstellers darzulegen, Produkte in der festgelegten Qualität zu produzieren.

Sie wurde so vorbereitet, dass sie:

a) unabhängig von der hergestellten Konstruktion ist;
b) Qualitätsanforderungen zum Schweißen in Werkstätten und/oder auf Baustellen definiert;

c) einen Leitfaden darstellt für die Beschreibung der Fähigkeiten eines Herstellers, Bauteile zu produzieren, die die festgelegten Anforderungen erfüllen;

d) eine Basis zur Bewertung der schweißtechnischen Fähigkeiten eines Herstellers darstellt.

Die Normenreihe ISO 3834 ist geeignet, wenn der Nachweis der Fähigkeit eines Herstellers, geschweißte Konstruktionen herzustellen, die festgelegte Qualitätsanforderungen erfüllen, in einem oder mehreren der folgenden Dokumente festgelegt wird:

- einer Spezifikation;
- einer Produktnorm;
- einer gesetzlichen Bestimmung.

Die in diesem Dokument enthaltenen Anforderungen dürfen entweder insgesamt oder, falls sie für die betreffende Konstruktion bedeutungslos sind, auch nur teilweise übernommen werden. Sie stellen einen flexiblen Rahmen für die Kontrolle beim Schweißen in folgenden Fällen dar.

- Fall 1: Festlegen von spezifischen Anforderungen in Spezifikationen, in denen vom Hersteller ein QMS nach ISO 9001:2015 gefordert wird.
- Fall 2: Festlegen von spezifischen Anforderungen in Spezifikationen, in denen vom Hersteller ein anderes QMS als nach ISO 9001:2015 gefordert wird.
- Fall 3: Festlegen eines spezifischen Leitfadens für einen Hersteller, der ein Qualitätssicherungssystem (QMS) für das Schmelzschweißen entwickelt.
- Fall 4: Festlegen detaillierter Anforderungen in Spezifikationen, gesetzlichen Bestimmungen oder Produktnormen, die eine Kontrolle der Aktivitäten beim Schmelzschweißen fordern.

Die Anwendung der Normenreihe DIN EN ISO 3834 kann somit gefordert werden durch:

- eine gesetzliche Bestimmung
- eine Produktnorm
- eine Spezifikation (Liefervereinbarung);
- das (selbstgegebene)Qualitätsmanagementsystem eines Herstellers.

Bild 2.2 zeigt die Wege zur Auswahl der Normenreihe DIN EN ISO 3834 und der schweißtechnischen Grundnormen.

2.4 Auswahl des zutreffenden Teils von DIN EN ISO 3834

Ist die Anwendung der Normenreihe DIN EN ISO 3834 durch eine gesetzliche Bestimmung, durch eine Produktnorm oder durch eine Liefervereinbarung (Spezifikation) vorgeschrieben, ist in diesem maßgebenden Dokument auch festgelegt, welcher Teil von DIN EN ISO 3834 angewendet werden muss.

Anders sieht dies im ungeregelten Bereich aus, wenn keine Vorgaben aus Regelwerk oder Liefervereinbarung bestehen. In diesem Fall entscheidet der Hersteller selbst, welche Stufe der Qualitätsanforderungen er für seine Fertigung als notwendig ansieht. Er wählt sie in Eigenverantwortung aus und legt diese Stufe – sofern vorhanden – in seinem Qualitätsmanagementsystem nieder.

Während in der DIN EN ISO 9001:2008-12 in Abschnitt 4.2.2 ein Qualitätsmanagementhandbuch gefordert wurde, wird in der aktuellen DIN EN ISO 9001:2015 anstelle dessen in Abschnitt 4.4 „Qualitätsmanagementsystem und seine Prozesse“ gefordert, ein Qualitätsmanagementsystem aufzubauen, zu verwirklichen, aufrechtzuerhalten und fortlaufend zu verbessern, einschließlich der benötigten Prozesse und ihrer Wechselwirkungen. Das heißt, ein schriftliches Qualitätsmanagementhandbuch im alten Sinne wird nicht mehr gefordert. Aber trotzdem muss die Organisation die Prozesse bestimmen, die für das Qualitätsmanagementsystem benötigt werden, sowie deren Anwendung innerhalb der Organisation festlegen.

In Abschnitt 4.4.2 von DIN EN ISO 9001:2015-11 heißt es: „Die Organisation muss in erforderlichem Umfang: a) dokumentierte Informationen aufrechterhalten, um die Durchführung ihrer Prozesse zu unterstützen; b) dokumentierte Informationen aufbewahren, so dass darauf vertraut werden kann, dass die Prozesse wie geplant durchgeführt werden.“ Alle Prozesse (Abläufe) müssen dargestellt und nachvollziehbar sein, z. B. auch über Medien „viflow“.

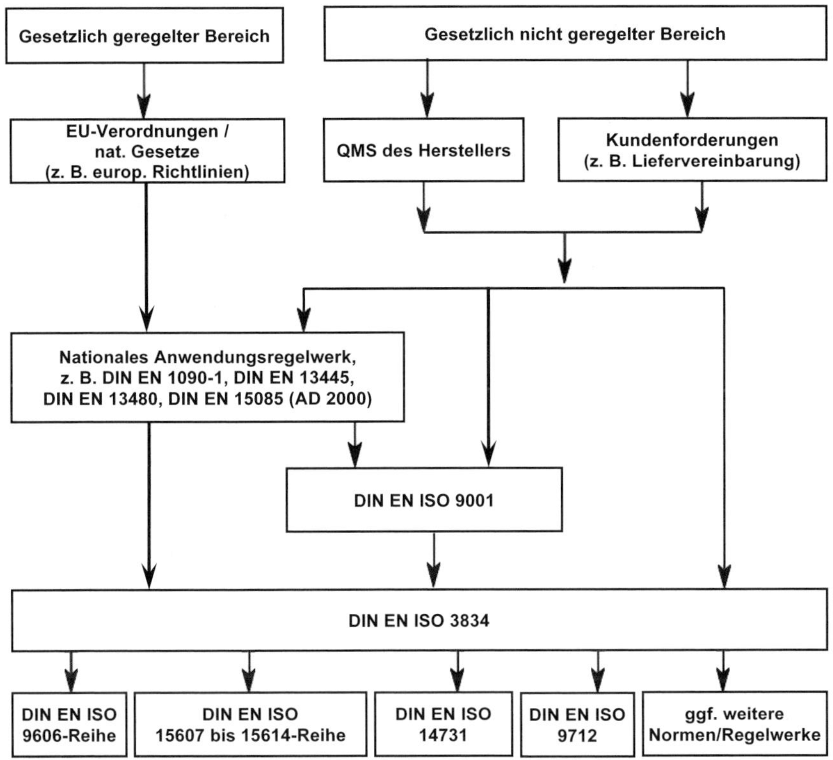

Bild 2.2: Wege zur Auswahl der Normenreihe DIN EN ISO 3834 und der schweißtechnischen Grundnormen

Abschnitt 5 „Auswahl der geeigneten Stufe der Qualitätsanforderungen" von DIN EN ISO 3834-1 nennt einige Aspekte bei der Auswahl der geeigneten Stufe der Qualitätsanforderungen. Der Hersteller sollte anhand der folgenden Kriterien auswählen:

- dem Umfang und die Bedeutung von sicherheitskritischen Produkten;
- der Vielschichtigkeit der Herstellung;
- dem Bereich der hergestellten Produkte;
- dem Bereich der verschiedenen verwendeten Wertstoffe;
- dem Umfang, in welchem metallurgische Probleme auftreten könnten;
- dem Umfang, in dem Herstellungsunregelmäßigkeiten, z. B. Versatz, Verzug oder Schweißnahtunregelmäßigkeiten, die Produkterstellung beeinflussen.

Die gleichen Kriterien sollten selbstverständlich auch von den Regelwerksetzern und bei der Festlegung der Stufe der Qualitätsanforderungen in Liefervereinbarungen (Spezifikationen) beachtet werden.

DIN-Fachbericht CEN/ISO TR 3834-6:2007-05 ist ein Leitfaden zur Einführung der Normenreihe DIN EN ISO 3834 und sollte unbedingt bei der Auswahl der erforderlichen Stufe der Qualitätsanforderungen berücksichtigt werden.

In Situationen, in denen Teile der Fertigung eher einer niedrigeren Stufe der Qualitätsanforderungen, z. B. nur DIN EN ISO 3834-3 oder DIN EN ISO 3834-4, als der Hauptteil der Fertigung, z. B. DIN EN ISO 3834-2, zugeordnet werden, oder wenn einzelne Maßnahmen, wie z. B. Wärmebehandlung von Stahlbaukonstruktionen (weil nicht erforderlich), nicht durchgeführt werden, dürfen die Anforderungen, die detailliert in dem höheren Teil von DIN EN ISO 3834 enthalten sind, ausgewählt ergänzt werden oder auch entfallen.

2.5 Zusammenhang zwischen DIN EN ISO 9001:2000 und der Normenreihe DIN EN ISO 3834

Im Gegensatz zur alten Normenreihe DIN EN 729, bei der nur der Teil 2 gewählt werden konnte, wenn die schweißtechnischen Qualitätsanforderungen in einem zertifizierten Qualitätsmanagementsystem erfüllt werden sollten, ist es bei DIN EN ISO 3834 mit den Teilen 2, 3 und 4 möglich, die unterschiedlich gestuften schweißtechnischen Qualitätsanforderungen in einem zertifizierten Qualitätsmanagementsystem zu erfüllen.

Bild 1 aus DIN-Fachbericht CEN/ISO TR 3834-6:2007-05, nachstehend als Bild 2.3 wiedergegeben, zeigt die Zusammenfassung von Maßnahmen eines schweißtechnischen Kontrollsystems.

Bild 2 aus DIN-Fachbericht CEN/ISO TR 3834-6:2007-05, nachstehend als Bild 2.4 wiedergegeben, stellt die Zusammenhänge der Normenreihe DIN EN ISO 3834 mit DIN EN ISO 9001:2000 dar und enthält die notwendigen Maßnahmen zur Einbindung der schweißtechnischen Qualitätsanforderungen in einem Qualitätsmanagementsystem.

In der Regel erfolgt zunächst die Auswahl der erforderlichen Stufe der Qualitätsanforderungen, oder sie ergibt sich aus den gesetzlichen Bestimmungen, der Anwendungsnorm oder aus den Liefervereinbarungen (Spezifikationen) (vergleiche Kapitel 132.4). Der Abschnitt 6 von DIN EN ISO 3834-1 beschreibt die zu berücksichtigenden Elemente zur Ergänzung von ISO 3834 zu einem Qualitätsmanagementsystem nach DIN EN ISO 9001:2015.

„Die Normenreihe ISO 3834 enthält viele Merkmale, die zu einem QMS beitragen. Dieser Abschnitt enthält solche QMS-Bestandteile, deren Einführung der Hersteller berücksichtigen sollte, um die Qualitätsanforderungen nach der Normenserie ISO 3834 zu unterstützen:

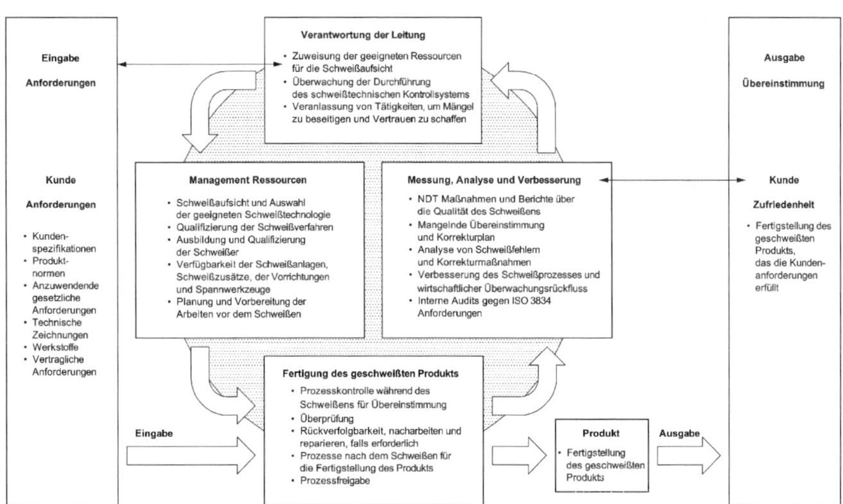

Bild 2.3: Zusammenfassung von Maßnahmen eines schweißtechnischen Kontrollsystems (Bild 1 von DIN-Fachbericht CEN ISO/TR 3834-6:2007)

a) Lenkung von Dokumenten und Aufzeichnungen (siehe ISO 9001:2015, 7.5);

b) Verantwortung der Leitung (siehe ISO 9001:2015, 5.3);

c) Bereitstellung von Ressourcen (siehe ISO 9001:2015, 7.1);

d) Fähigkeit, Bewusstsein und Schulung des ausführenden Personals (siehe ISO 9001:2015, 7.2, 7.3, und Abschnitt 10);

e) Planung der Produktrealisierung (siehe ISO 9001:2015, 8.2, 8.3, 8.4, 8.5, und ISO 10005);

f) Ermittlung der Anforderungen in Bezug auf das Produkt (siehe ISO 9001: 2015, 8.2.2 und 8.2.4);

g) Überprüfung der Anforderungen in Bezug auf das Produkt (siehe ISO 9001: 2015, 8.2.3);

h) Beschaffung (siehe ISO 9001:2015, 8.4);

i) Validierung der Prozesse (siehe ISO 9001:2015, 8.4 und 8.5.1);

j) Eigentum des Kunden (siehe ISO 9001:2015, 8.5.3);

k) Internes Audit (siehe ISO 9001:2015, 9.2);

l) Überwachung und Messung des Produkts (siehe ISO 9001:2015, 9.1.3);

m) Steuerung von extern bereitgestellten Prozessen, Produkten und Dienstleistungen (siehe ISO 9001:2015, 8.4);

n) Steuerung der Produktion und der Dienstleistungserbringung (siehe ISO 9001: 2015, 8.5.1).“

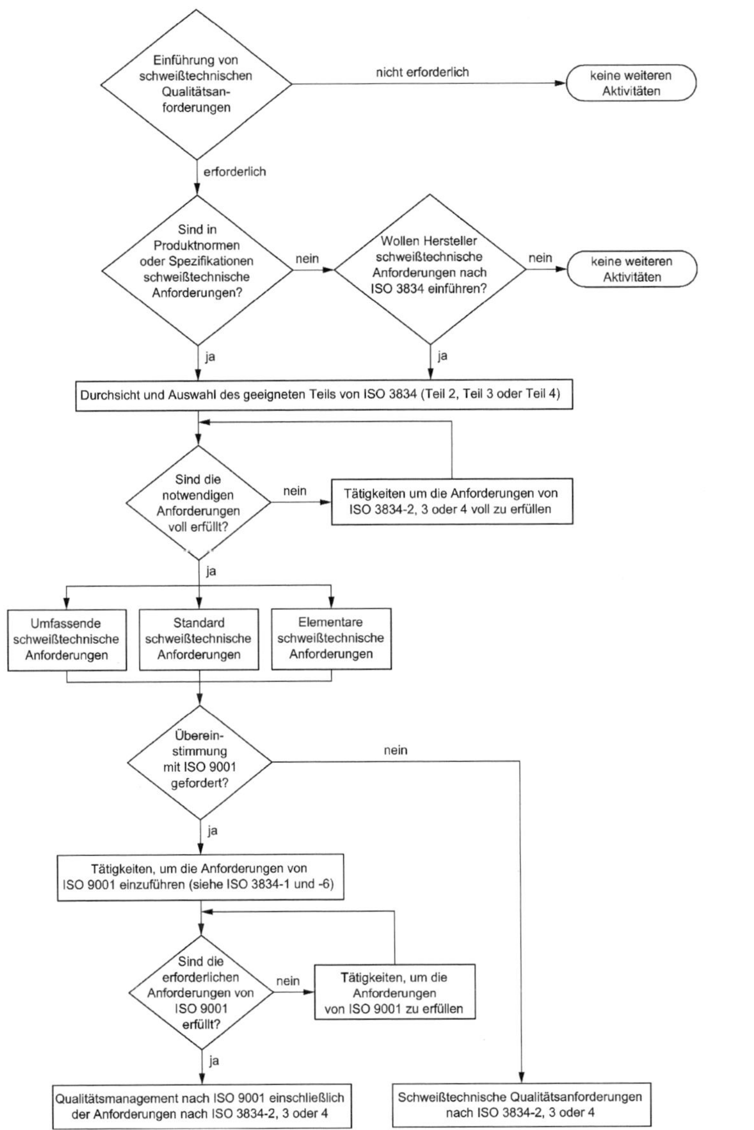

Bild 2.4: Zusammenhang der Normenreihe DIN EN ISO 3834 mit DIN EN ISO 9001 und Maßnahmen zur Einbindung der schweißtechnischen Qualitätsanforderungen in einem Qualitätsmanagementsystem (Bild 2 von DIN-Fachbericht CEN/ISO TR 3834-6:2007-05)

3 Wichtige Elemente von schweißtechnischen Qualitätsanforderungen

3.1 Allgemeines

Bereits im Juli 1930 erließ das Preußische Ministerium für Volkswohlfahrt auf dem Verordnungswege die ersten Verordnungen für die Ausführung geschweißter Stahlhochbauten. Im Mai 1931 folgte dann die erste Ausgabe der DIN 4100. Sie gliederte sich in Bestimmungen für Hoch- und Brückenbauten.

In § 1.1 dieser Norm hieß es:

„Mit dem Entwurf und der Bauausführung geschweißter Stahlbauten dürfen nur zuverlässige und nur solche Auftragnehmer betraut werden, bei denen die Zulassungsprüfung nach § 8 zur Zufriedenheit ausgefallen ist und die über geeignete Fachingenieure verfügen. Diese Fachingenieure müssen auf den Gebieten der Statik, des Stahlbaus und der Schweißtechnik gründliche Kenntnisse und praktische Erfahrungen besitzen. Die Schweißarbeiten in der Stahlbauanstalt und auf der Baustelle müssen von einem Fachingenieur des Auftragnehmers überwacht werden. Die Schweißarbeiten selbst dürfen nur von fachkundigen geprüften Schweißern ausgeführt werden."

Dieser Norm, mit den ersten Forderungen hinsichtlich Schweißaufsichtspersonal, Schweißern und Anerkennung eines Betriebs, folgten im Jahre 1935 die „Vorläufigen Vorschriften für geschweißte, vollwandige Eisenbahnbrücken", DV 848, und im Juli 1937 die DIN 4101 „Vorschriften für geschweißte, vollwandige stählerne Straßenbrücken".

Bereits in diesen ersten deutschen Normen für die Herstellung und Ausführung geschweißter Bauteile wurden der Eigenverantwortung der Schweißaufsichtsperson und den ausführenden Betrieben eine besondere Bedeutung zugeschrieben.

Mit der Herausgabe der DIN 8563 „Sicherung der Güte von Schweißarbeiten – Teil 1: Allgemeine Grundsätze und Teil 2: Anforderungen an den Betrieb" im Jahre 1964 wurden die in den 1930er-Jahren geschaffenen Grundforderungen zur Sicherung der Güte von Schweißarbeiten für alle Anwendungsbereiche der Schweißtechnik festgeschrieben.

Die Eckpfeiler der Gütesicherung geschweißter Bauteile sind in Bild 3.1 wiedergegeben.

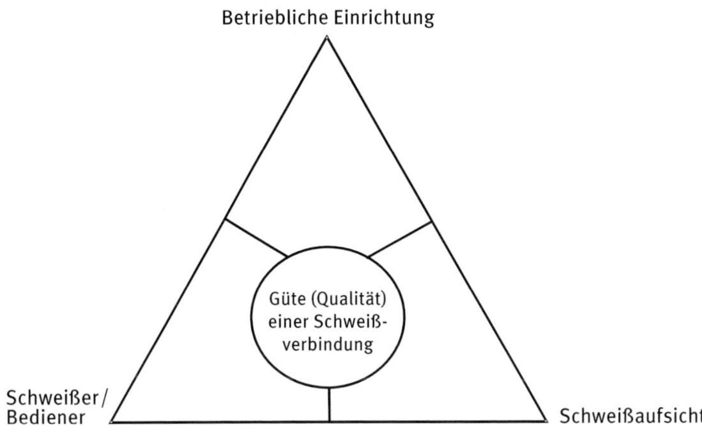

Bild 3.1: Eckpfeiler der Gütesicherung von Schweißarbeiten

Danach gilt:

- Die betrieblichen Einrichtungen müssen für die Herstellung des jeweiligen Produktes geeignet sein.
- Die Schweißer müssen über die für die jeweiligen Schweißarbeiten erforderliche Handfertigkeit verfügen. Bediener müssen über jeweilige Kenntnisse zum Bedienen der Schweißanlagen haben.
- Die Schweißaufsicht muss die schweißtechnischen Kenntnisse, die für die jeweilige Produktion erforderlich sind, nachgewiesen haben.

Das Konzept der DIN 8563 wurde in den deutschen Produktnormen konsequent übernommen. Vor allem im bauaufsichtlichen Bereich und im Schienenfahrzeugbau wurde es strikt eingehalten. Die Qualifikation (früher Eignung, davor Befähigung genannt) eines Herstellers, der Schweißarbeiten im bauaufsichtlichen Bereich ausführen will, wurde von einer Stelle, die von der obersten Bauaufsichtsbehörde anerkannt worden ist, im Rahmen einer „Betriebsprüfung" festgestellt. Der Betrieb erhielt nach positivem Ausgang der Betriebsprüfung eine Bescheinigung über die Herstellerqualifikation zum Schweißen von Stahlbauten nach DIN 18800-7 oder eine Bescheinigung über den Nachweis der Eignung zum Schweißen von Betonstahl nach DIN 4099-2. Nach Erhalt dieser Bescheinigung durfte der Betrieb unter Beachtung der maßgebenden normativen Vorgaben und der bauaufsichtlichen Regelungen in alleiniger Eigenverantwortung fertigen. Vergleichbares gilt für die Anwendungsgebiete Schienenfahrzeugbau und Wehrtechnik.

Für die europäische Normung wurde DIN 8563 aufgeteilt. Die Aufgaben und Verantwortungen von Schweißaufsichtspersonen wurden in EN 719, heute EN ISO 14731, die Qualitätsanforderungen in EN 729, heute EN ISO 3834, überführt. Die Maßnahmen zur Sicherung der Güte von Schweißarbeiten im Sinne der DIN 8563 wurden übernommen und sind in Bild 3.2 dargestellt. Aus dem ehemaligen geprägten Begriff der Güte ist heute der Begriff Qualität geworden. Unter der Qualität im schweißtechnischen Sinne versteht man dann das Erfüllen der Anforderungen an Bewertungsgruppen von Unregelmäßigkeiten (DIN EN ISO 5817) und z. B. an Allgemeintoleranzen für Schweißkonstruktionen bezüglich Längen- und Winkelmaße sowie Form und Lage nach DIN EN ISO 13920.

Die entscheidenden Maßnahmen zur Erreichung der Qualität von Schweißarbeiten erfolgen in der Konstruktion. Hier werden nicht nur die Kosten maßgebend beeinflusst, sondern auch die meisten Schäden haben ihre Ursache in mangelhafter konstruktiver Gestaltung und falscher Werkstoffauswahl.

Die personelle Ausstattung (schweißtechnisches Personal: Schweißer, Bediener und Schweißaufsichtspersonal sowie prüftechnisches Personal: Prüfer und Prüfaufsicht) und die technische Ausstattung eines Betriebes sind wesentliche Voraussetzungen für das Erreichen der geforderten Qualität eines geschweißten Produktes. Mit der Prüfung kann nur das Ergebnis der Qualität (der gestellten Anforderungen) bestätigt werden, nicht aber die Qualität direkt beeinflusst werden.

Die wichtigsten Elemente der schweißtechnischen Qualitätsanforderungen sind in den nachfolgenden Abschnitten beschrieben. Dabei ist darauf zu achten, dass die für die jeweilige Fertigung geltenden Elemente vollständig einzuhalten sind. Es macht keinen Sinn, ein Element besonders hervorzuheben und andere Elemente, die für die jeweilige Fertigung ebenfalls maßgebend sind, zu vernachlässigen.

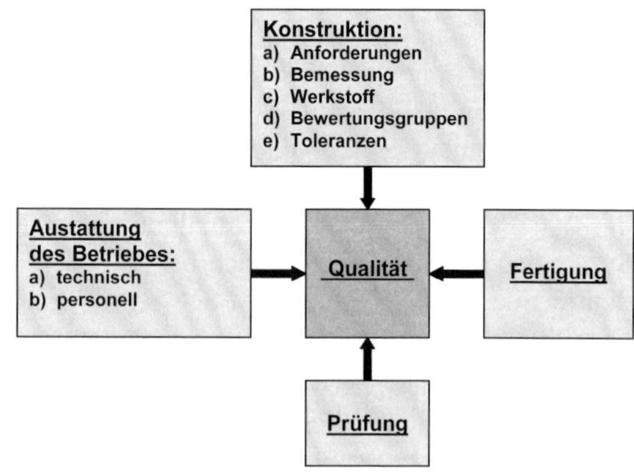

Bild 3.2: Maßnahmen zur Sicherung der Qualität von Schweißarbeiten

3.2 Schweißtechnisches Personal

3.2.1 Schweißer

Seit dem Einsatz des Fertigungsprozesses Schweißen im Landdampfkesselbau um 1926, im Bauwesen und der Wehrtechnik Anfang der 1930er-Jahre (vergleiche Kapitel 3.1) wurde von den eingesetzten Schweißern der Nachweis der ausreichenden Handfertigkeit verlangt.

Die erste eigentliche Norm zur Prüfung von Schweißern erschien im September 1943. Damals lautete der Titel der DIN 2471 „Richtlinie für die Prüfung von Rohrschweißern". Sie galt für die Prüfung von Gas- und Lichtbogenschweißern an Stahlrohren. Die ausführenden Firmen durften nach dieser Richtlinie die Prüfung ihrer Schweißer selbst durch einen geprüften Schweißfachingenieur ihres Unternehmens durchführen oder durch eine zuständige Stelle (z. B. SLV oder TÜV) durchführen lassen.

Die Norm DIN 2471 kannte damals Kohlenstoffstähle und niedriglegierte Cu-, Mo- oder V-Stähle bis zu einer Festigkeit von 45 kg/mm² (Prüfungsgruppe I und II) sowie auch „Sonderstähle" (Prüfungsgruppe III). Die praktische Prüfung umfasste Stumpfnähte und das Schweißen eines Formstückes mit aufgesetztem Stutzen, Rohrrundnähten und Flanschkehlnähten in verschiedenen Schweißpositionen. Eine recht umfassende fachkundliche Prüfung bezogen auf einschlägige Schweißvorschriften wie DIN 2470, Grundlagen des Gas- oder Lichtbogenschweißens, Rohrwerkstoffe, Schweißnahtformen, Maßnahmen zur Verminderung von Wärmespannungen, Grundzüge der Prüfung von Schweißverbindungen sowie, was auch heute noch den Schwerpunkt eines Fachkundenachweises bildet, Maßnahmen zur Verhütung von Unfällen und von Gesundheitsschädigungen.

Die Prüfung war schon damals 3 Jahre lang gültig. Auf eine Wiederholungsprüfung konnte sogar verzichtet werden, wenn die Betriebe ihre Schweißer laufend überwachten und keine Zweifel an deren Handfertigkeit auftauchten. Diese Aspekte werden 70 Jahre später wieder aufgegriffen.

Aber erst 1959 kam es mit der Herausgabe von DIN 8560:1959 „Prüfung von Stahlschweißern – für das Schweißen von Stahl" zu einer einheitlichen Schweißerprüfung, die in allen Anwendungsbereichen durchgeführt wurde. 1968, 1978 und 1982 wurde DIN 8560 überarbeitet und optimiert. Leider wurde sie nicht bei CEN als deutscher Vorschlag für eine europäische Schweißerprüfungsnorm eingereicht. 1992 erschien erstmalig DIN EN 287-1 „Prüfung von Schweißern – Schmelzschweißen – Teil 1: Stähle". Diese Norm wurde unverändert 1994 von ISO/TC 44/SC 11 „Anforderungen für die Qualifizierung des

Personals für das Schweißen und verwandte Prozesse“ als ISO 9606-1 übernommen. 1997 erschien die Änderung A1 von EN 287-1, die 1998 als Amendment 1 zur ISO 9606-1 von ISO/TC 44/ SC 11 übernommen wurde. 2004 erfolgte nach einer Überarbeitung eine Neuausgabe von DIN EN 287-1, die 2006 noch durch eine relativ kleine Änderung A2 (Änderung A1 betraf nur die englische Fassung von EN 287-1) ergänzt wurde, was im Juni 2006 (leider) in Deutschland zu einer weiteren Neuausgabe von DIN EN 287-1 führte.

Nachdem verschiedene Entwürfe ISO/WD 9606-1 (WD = Working draft) zur Überarbeitung der ISO-Norm von 1994 in der Vergangenheit bei Abstimmungen, wenn auch knapp, gescheitert sind, wurde im ISO-Gremium ISO/TC 44/SC 11 ein neuer Versuch für eine Norm gestartet. Der nunmehr vierte Ansatz für eine weltweit gültige Norm zur Qualifizierung von Schweißern war erfolgreich.

Der Aufbau der Norm mit der Abschnittseinteilung ist weitgehend identisch mit EN 287-1:2006 und 2011. Auch in ISO 9606-1:2012 werden dieselben Schweißprozesse gelistet wie in EN 287-1:2011. Bei den Einschlüssen für die Verfahren 131, 135 und 138 wird jedoch eine Abhängigkeit von der Art des Werkstoffüberganges eingefügt. Wenn der Schweißer in der Prüfung den Kurzlichtbogen verwendet, qualifiziert dies auch andere Lichtbogenarten, jedoch nicht umgekehrt. Einen Wert für Spannungen oder Stromstärken für eine genaue Abgrenzung der Leistungsbereiche gibt es nicht. Hier wird sicherlich mit Diskussionen bei erster Anwendung der Norm zu rechnen sein.

Das Schweißen mit den Schweißprozessen 141, 143 oder 145 qualifiziert die Schweißprozesse 141, 142, 143 und 145; der Schweißprozess 142 qualifiziert jedoch nur den Schweißprozess 142.

Dazu gekommen sind die Prozesse 121 Unterpulverschweißen mit Massivdrahtelektrode (teilmechanisch) und 125 Unterpulverschweißen mit Fülldrahtelektrode (teilmechanisch).

In Abschnitt 5.3 „Produktform“ wird die Prüfstückabmessung von EN 287-1:2011 übernommen: Die Prüfung muss an Blech, Rohr oder an einem anderen geeigneten Produkt durchgeführt werden. Ein Prüfstück mit einem Rohraußendurchmesser über 25 mm schließt Bleche ein. Auch hier schließt dann ein Prüfstück am Blech alle Rohraußendurchmesser über 500 mm in allen Positionen nach den Tabellen 9 und 10 mit ein.

In Abschnitt 5.4 „Nahtart“ qualifizieren Stumpfnähte nicht mehr Kehlnähte und umgekehrt, wie auch in EN 287-1:2011 beschrieben. Hier wurde eine alternative Möglichkeit zur Qualifizierung einer Kehlnaht in Kombination mit einer Stumpfnaht geschaffen. Der neue Anhang C beinhaltet dieses ungewöhnliche Prüfstück.

Der deutlichste Unterschied zum bisherigen System der Schweißerqualifizierung, sei es nun in der alten DIN 8560 von 1982 oder allen Ausgaben von EN 287-1 der Jahre 1992, 1997, 2004, 2006 und 2011, liegt in der Zuordnung des Geltungsbereichs auf Basis des bei der Prüfung verwendeten Schweißzusatzes. Nicht mehr der Grundwerkstoff, sondern der verwendete Schweißzusatz ist führend!

Dieser auf den ersten Blick etwas merkwürdig anmutende Versuch ist bei näherem Hinsehen jedoch einleuchtend. Es geht um den Nachweis des Schweißers, den Zusatzwerkstoff zu beherrschen; und diese Fähigkeit ist bestimmt vom Tropfenübergang, vom Fließverhalten und von dem Benetzungsverhalten des Schweißzusatzes.

Mit dieser Einteilung in sechs Gruppen wurden auch die deutschen Bedenken in der Entstehung dieses Entwurfs berücksichtigt. In den ersten Fassungen von ISO 9606-1 waren nur zwei Zusatzwerkstoffgruppen (Ferrit und Austenit) vorgesehen. Als Basis für die Gruppenzuordnung wird die zugehörige Norm des verwendeten Schweißzusatzes zugrunde gelegt.

Diese nun vorliegende Norm ISO 0606-1 ist jetzt auch die Basis für eine geplante neue ISO 9606 (ohne Teile), die alle Legierungen von Stahl über Aluminium, Kupfer, Nickel, Titan, Zirkonium und deren Legierungen umfassen soll. Zum Zeitpunkt der Drucklegung dieses Buches befand sich dieses Normungsvorhaben jedoch noch am Anfang im Stadium des WD (working draft). Den derzeitigen Stand der Normenreihen DIN EN ISO 9606 zeigt Tabelle 3.1.

Tabelle 3.1: Stand der Normenreihen DIN EN ISO 9606 (Stand März 2022)

Normteil	Titel	
DIN EN ISO 9606	Prüfung von Schweißern – Schmelzschweißen	Ausgabedatum
Teil 1	Stähle	DIN EN ISO 9606-1:2017-12
Teil 2	Aluminium und Aluminiumlegierungen	DIN EN ISO 9606-2:2005-03
Teil 3	Kupfer und Kupferlegierungen	DIN EN ISO 9606-3:1999-06
Teil 4	Nickel und Nickellegierungen	DIN EN ISO 9606-4:1999-06
Teil 5	Titan und Titanlegierungen, Zirkonium und Zirkoniumlegierungen	DIN EN ISO 9606-5:2000-04

Die wesentlichen Einflussgrößen einer Stahlschweißerprüfung sind nachstehend wiedergegeben:

- Schweißprozess(e) (siehe Abschnitt 4.2 von DIN EN ISO 9606-1:2017-12);
- Produktform (Blech und Rohr);
- Nahtart (Stumpf- oder Kehlnaht);
- Werkstoffgruppe des Schweißzusatzes (siehe Tabelle 2 von DIN EN ISO 9606-1:2017-12);
- Schweißzusatz;
- Abmessung (Werkstoffdicke und Rohraußendurchmesser) (siehe Tabellen 6, 7 und 8 von DIN EN ISO 9606-1);
- Schweißposition (siehe Tabellen 9 und 10 von DIN EN ISO 9606-1:2017-12);
- Schweißnahteinzelheit(en) (Schweißbadsicherung, Gaswurzelschutz, Schweißpulverabstützung, Schweißzusatzeinlageteil, einseitiges Schweißen, beidseitiges Schweißen, einlagig, mehrlagig, Nach-linksschweißen, Nachrechtsschweißen).

Es sind die nachfolgenden manuellen und teilmechanischen Schweißprozesse mit den Ordnungsnummern nach DIN EN ISO 4063 „Schweißen und verwandte Prozesse – Liste der Prozesse und Ordnungsnummern" für eine Stahlschweißerprüfung einsetzbar:

111 Lichtbogenhandschweißen;

114 Metall-Lichtbogenschweißen mit Fülldrahtelektrode ohne Schutzgas;

121 Unterpulverschweißen mit Massivdrahtelektrode (teilmechanisch);

125 Unterpulverschweißen mit Fülldrahtelektrode (teilmechanisch);

131 Metall-Inertgasschweißen mit Massivdrahtelektrode;

135 Metall-Aktivgasschweißen mit Massivdrahtelektrode;

136 Metall-Aktivgasschweißen mit schweißpulvergefüllter Drahtelektrode;

138 Metall-Aktivgasschweißen mit metallpulvergefüllter Drahtelektrode;

141 Wolfram-Inertgasschweißen mit Massivdraht- oder Massivstabzusatz;

142 Wolfram-Inertgasschweißen ohne Schweißzusatz;

143 Wolfram-Inertgasschweißen mit Fülldraht- oder Füllstabzusatz;

145 Wolfram-Inertgasschweißen mit reduzierenden Gasanteilen im ansonsten inerten Schutzgas und Massivdraht- oder Massivstabzusatz;

15 Plasmaschweißen;

311 Gasschweißen mit Sauerstoff-Acetylen-Flamme.

Anmerkung: Die Grundsätze dieses Teils von DIN EN ISO 9606-1.2017-12 können auch für andere Schmelzschweißprozesse angewendet werden.

Nachstehend wird die Bezeichnung einer Stahlschweißerprüfung erklärt:

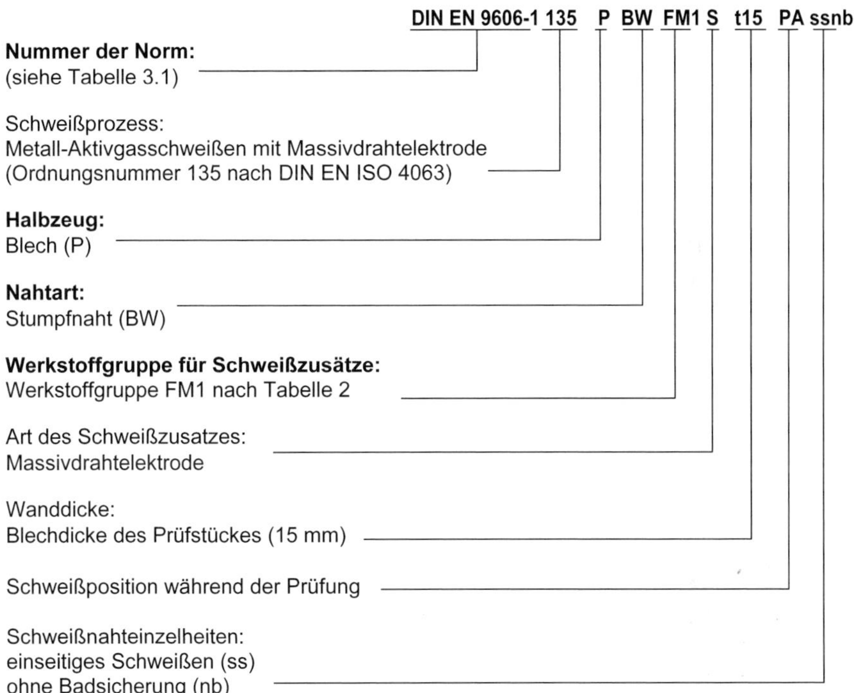

Bild 3.3: Erläuterung der Abkürzungen in der Bezeichnung einer Schweißerprüfung

Die einzusetzenden Prüfverfahren bei einer Stahlschweißerprüfung sind in Tabelle 13 von DIN EN ISO 9606-1:2017-12 enthalten und nachstehend als Tabelle 3.2 wiedergegeben.

Tabelle 3.2: Prüfverfahren bei einer Stahlschweißerprüfung (Tabelle 13 von DIN EN ISO 9606-1:2017-12)

Prüfverfahren	Stumpfnaht (am Blech oder am Rohr)	Kehlnaht und Rohrabzweigung
Sichtprüfung nach ISO 17637	obligatorisch	obligatorisch
Durchstrahlungsprüfung nach ISO 17636	obligatorisch[a, b, c]	nicht obligatorisch
Biegeprüfung nach ISO 5173	obligatorisch[a, b, d]	nicht anwendbar
Bruchprüfung nach ISO 9017	obligatorisch[a, b, d]	obligatorisch[e, f]

a Es müssen entweder Durchstrahlungs- oder Biege- oder Bruchprüfungen durchgeführt werden.

b Wenn Durchstrahlungsprüfungen durchgeführt werden, sind bei den Schweißprozessen 131, 135, 138 und 311 zusätzlich Biege- oder Bruchprüfungen vorgeschrieben.

c Bei ferritischem Stahl darf die Durchstrahlungsprüfung bei Dicken ≥ 8 mm durch eine Ultraschallprüfung nach ISO 17640 [19] ersetzt werden. In diesem Fall sind die in Fußnote b erwähnten zusätzlichen Prüfungen nicht erforderlich.

d Für Rohraußendurchmesser $D \leq 25$ mm dürfen die Biege- oder Bruchprüfungen durch eine Kerbzugprüfung des kompletten Prüfstücks ersetzt werden (Beispiel ist in Bild 9 angegeben).

e Die Bruchprüfungen können durch makroskopische Untersuchungen nach ISO 17639 [18] mit mindestens zwei Schliffen ersetzt werden, wobei ein Schliff von dem Unterbrechungs- und Wiederansatzbereich anzufertigen ist.

f Die Bruchprüfungen an Rohren dürfen durch Durchstrahlungsprüfungen ersetzt werden.

Die Regeln zur Gültigkeitsdauer einer Stahlschweißerprüfung sind im Abschnitt 9 von DIN EN ISO 9606-1:2017-12 enthalten und nachstehend wiedergegeben:

9 Gültigkeitsdauer

9.1 Erstmalige Prüfung

Die Gültigkeit der Schweißer-Prüfungsbescheinigung beginnt mit dem Datum des Schweißens des (der) Prüfstücks (Prüfstücke), vorausgesetzt, dass die Prüfungen, die nach dieser Norm gefordert werden, ausgeführt worden sind und die erzielten Ergebnisse die Anforderungen erfüllen. Die Bescheinigung muss alle 6 Monate bestätigt werden, andernfalls wird (werden) die Bescheinigung(en) ungültig.

Die Gültigkeit der Schweißer-Prüfungsbescheinigung kann wie in 9.3 festgelegt verlängert werden. Das gewählte Verfahren zur Verlängerung der Schweißer-Prüfungsbescheinigung nach 9.3 a) oder b) oder c) muss auf der Bescheinigung zum Zeitpunkt der Ausstellung angegeben werden.

9.2 Bestätigung der Gültigkeit

Die Qualifikationen des Schweißers für einen Schweißprozess müssen alle 6 Monate von der Schweißaufsichtsperson oder dem Prüfer/der Prüfstelle bestätigt werden. Es muss bestätigt werden, dass der Schweißer innerhalb des ursprünglichen Geltungsbereiches geschweißt hat und dadurch wird die Gültigkeit der Schweißer-Prüfungsbescheinigung für einen weiteren Zeitraum von 6 Monaten verlängert.

Dieser Unterabschnitt gilt für alle Wahlmöglichkeiten der in 9.3 festgelegten Verlängerung der Schweißer-Prüfungsbescheinigung.

9.3 Verlängerung der Qualifikation

Die Verlängerung der Qualifikation ist durch einen Prüfer/eine Prüfstelle durchzuführen.

Die Fähigkeit des Schweißers muss regelmäßig nach einem der folgenden Verfahren überprüft werden.

a) Der Schweißer muss die Prüfung alle 3 Jahre wiederholen.

b) Alle 2 Jahre müssen zwei Schweißnähte, die in den letzten 6 Monaten der Gültigkeit geschweißt wurden, mittels Durchstrahlungsprüfung, Ultraschallprüfung oder zerstörender Prüfung geprüft und dokumentiert werden. Die Schweißnähte müssen die Bewertungsbedingungen für Unregelmäßigkeiten erfüllen, die in Abschnitt 7 festgelegt sind. Die geprüfte Schweißnaht muss die ursprünglichen Prüfbedingungen reproduzieren, ausgenommen für die Dicke und den Rohraußendurchmesser. Diese Prüfungen verlängern die Schweißer-Prüfungsbescheinigung für weitere 2 Jahre.

c) Die Qualifikationen eines Schweißers für eine Bescheinigung sind so lange gültig, wie der Nachweis nach 9.2 bestätigt ist und unter der Voraussetzung, dass folgende Bedingungen erfüllt sind:

- der Schweißer arbeitet für den gleichen Hersteller, für den er oder sie qualifiziert ist und der für die Fertigung des Produkts verantwortlich ist;
- das Qualitätsprogramm des Herstellers wurde nach ISO 3834-2 oder ISO 3834-3 verifiziert;
- der Hersteller hat dokumentiert, dass der Schweißer, Schweißnähte einwandfreier Qualität auf Grundlage von Anwendungsnormen hergestellt hat; die untersuchten Schweißnähte müssen folgende

Bedingungen bestätigen: Schweißposition(en), Nahtart (FW, BW), mit Schweißbadsicherung (mb) oder ohne Schweißbadsicherung (nb).

9.4 Entzug der Qualifikation

Bestehen begründete Zweifel an der Fähigkeit eines Schweißers, Schweißnähte entsprechend den Qualitäts-anforderungen der Produktnorm herzustellen, müssen die betroffenen Qualifikationen entzogen werden. Alle anderen Qualifikationen, die nicht angezweifelt werden, behalten ihre Gültigkeit.

Der Arbeitgeber, in der Regel die dafür beauftragte Schweißaufsichtsperson (oder eine andere beauftragte Person) muss also alle 6 Monate auf der Prüfungsbescheinigung bescheinigen, dass der Schweißer im eingeschlossenen Geltungsbereich der durchgeführten Schweißerprüfung geschweißt hat. Nach zwei Jahren ist eine erneute Prüfung des Schweißers erforderlich, es sei denn, dass bei **Stumpfnähten** der Abschnitt 9.3 von DIN EN ISO 9606-1: 2017-12 Anwendung findet. Bei Kehlnähten ist in jedem Fall eine erneute Prüfung durchzuführen. Leider wird bei Anwendung des Abschnitts 9.3 von DIN EN ISO 9606-1:2017-12 häufig vergessen, dass auch eine fachkundliche Prüfung nach zwei Jahren durchzuführen ist. Allein aus Gründen des Haftungsausschlusses muss die verantwortliche Schweißaufsichtsperson die fachkundliche Prüfung durchführen oder durchführen lassen, wobei die Art der fachkundlichen Prüfung der Schweißaufsichtsperson überlassen bleibt. Vor einer fachkundlichen Prüfung sollte eine schweißtechnische Schulung (entsprechend der vorhandenen oder abzulegenden Schweißerprüfung) und eine Unterweisung zum Vermeiden von Unfällen und Brandschäden durchgeführt werden. Es ist ein Fall bekannt, bei dem auf die fachkundliche Prüfung verzichtet wurde, diese aber auf der Prüfungsbescheinigung als „bestanden" ausgewiesen worden ist. Es kam bei Anwendung des Schweißprozesses 135 zu einem tödlichen Unfall in einem Behälter, als dieser sich mit Kohlendioxid füllte und der Schweißer erstickte. Die verantwortliche Schweißaufsichtsperson wurde wegen grob fahrlässiger Tötung zu einer Haftstrafe **ohne** Bewährung verurteilt.

Die Durchführung der fachkundlichen Prüfung ist im nationalen Vorwort zur DIN EN ISO 9606-1:2017-12 vorgeschrieben:

Die nach Anhang B vorgesehene fachkundliche Prüfung wird für Schweißer verlangt, die in der Bundesrepublik Deutschland die Prüfung ablegen. Bei der Verlängerung einer Schweißerprüfung muss in der Bundesrepublik Deutschland in jedem Fall — unabhängig davon, ob ein Prüfstück geschweißt wird, oder ob aufgrund vorliegender zerstörungsfreier oder zerstörender Prüfprotokolle die Verlängerung bestätigt wird — auch die fachkundliche Prüfung erneut nachgewiesen werden.

Im Rahmen von Gesetzen und Verordnungen (z. B. Arbeitsstättenverordnung, Arbeitsschutzgesetz, BG-Regeln usw.) hat der Arbeitgeber eine besondere Pflicht zur Unterrichtung und Unterweisung der Arbeitnehmer in regelmäßigen Abständen.

Schweißer, die in der Bundesrepublik Deutschland beschäftigt werden und über eine gültige Schweißer-prüfung nach EN ISO 9606-1 verfügen, jedoch keine fachkundliche Prüfung abgelegt haben, müssen aufgrund der derzeitig geltenden Rechtsvorschriften mindestens Kenntnisse auf dem Gebiet der Arbeitssicherheit und Unfallverhütung sowie Kenntnisse über das Entstehen und Vermeiden von Schweißnahtfehlern nachweisen.

In einer früheren DVS-Richtlinie 1704 zur Voraussetzung zur Erteilung einer Bescheinigung über die Herstellerqualifikation nach DIN 18800 Teil 7 wurde noch etwas zur Mindestanzahl von Schweißerprüfungen ausgesagt:

> Der Schweißbetrieb muss über eine ausreichende Anzahl von Schweißern mit gültigen Schweißerprüfungen nach DIN EN 287-1 verfügen. In der Regel sind mindestens zwei Schweißer in dem(n) überwiegend eingesetzten Schweißprozess(en) erforderlich. Für zusätzliche Schweißprozesse, die nur sporadisch eingesetzt werden, reicht jeweils ein Schweißer mit gültiger Schweißerprüfung.

Da aber heute die europäische Norm DIN EN 1090-2:2018-09 für Ausführung von Stahltragwerken und Aluminiumtragwerken – Teil 2: Technische Regeln für die Ausführung von Stahltragwerken gilt, in der es eben keine Anforderungen an die Mindestanzahl von Schweißern je Prozess gibt, ist diese Forderung nicht mehr tragbar. In DIN EWN 1090-2:2018-09 heißt es in Abschnitt 7.4.2 Schweißer und Bediener von Schweißeinrichtungen lediglich:

Schweißer müssen nach EN ISO 9606-1 und Bediener von Schweißeinrichtungen nach EN ISO 14732 qualifiziert werden." und „Schweißer von Betonstahl müssen nach EN ISO 17660-1 oder EN ISO 17660-2 qualifiziert werden.

Es bestehen somit keine Anforderung an irgendeine Mindestanzahl von Schweißerprüfungen je Prozess.

Einen empfohlenen Vordruck (informativ) für die Schweißer-Prüfungsbescheinigung enthält der informative Anhang A von DIN EN ISO 9606-1:2017-12. Dieser Vordruck kann benutzt werden, muss aber nicht. In einer Prüfungsbescheinigung sind aber zwingend anzugeben:

1) Schweißprozesse: unter Bezug auf 4.2, 5.2 und ISO 4063;
2) Produktform: Blech (P), Rohr (T) unter Bezug auf 4.3.1 und 5.3;
3) Nahtart: Stumpfnaht (BW), Kehlnaht (FW) unter Bezug auf 5.4;
4) Werkstoffgruppe des Schweißzusatzes oder Grundwerkstoffes (Gasschweißen): unter Bezug auf 5.5;
5) Schweißzusätze: unter Bezug auf 5.6;
6) Abmessungen des Prüfstücks: Dicke des Schweißgutes s oder Werkstoffdicke t und Rohraußen-durchmesser D unter Bezug auf 5.7;
7) Schweißpositionen: unter Bezug auf 5.8 und ISO 6947;
8) Schweißnahteinzelheiten: unter Bezug auf 5.9.

Die Art des Schutzgases und das Formiergas sind nicht in die Bezeichnung aufzunehmen, müssen aber in der Schweißer-Prüfungsbescheinigung angegeben werden.

Zusammenfassend muss festgestellt werden, dass der Schweißer der einzige Beruf in Deutschland ist, in dem die Handfertigkeit ständig überprüft wird, entweder durch eine erneute Prüfung nach jeweils zwei Jahren oder durch zerstörungsfreie (voluminöse [RT oder UT]) Prüfungen während der Fertigung. Lässt die Handfertigkeit eines Schweißers, z. B. im Alter oder bei Krankheit, nach, fällt dies auf. Wenn sich die Anzahl von Reparaturen von Schweißnähten eines Schweißers in einem Zeitraum steigert, wird die Schweißaufsichtsperson eine erneute Schweißerprüfung durchführen und bei Nichtbestehen den Schweißer nachschulen und ggf. nicht mehr oder nur noch mit untergeordneten Schweißarbeiten betrauen. Dies wäre z. B. Heftarbeiten unter der Voraussetzung, dass diese Heftstelle nicht im Bauteil verbleibt und vor dem Herstellen der Naht herausgeschliffen wird. Eine ähnliche Regelung wäre auch bei anderen Berufen, bei denen die Handfertigkeit des Ausführenden entscheidend für das Ergebnis ist, wünschenswert!

3.2.2 Bediener und Einrichter von Schweißanlagen

Für die Bediener und Einrichter von vollmechanisierten oder automatisierten Schweißanlagen gelten sinngemäß die Ausführungen des Kapitels 3.2.1 „Schweißer". Die Bediener und Einrichter müssen über gültige Prüfungsbescheinigungen nach DIN EN ISO 14732:2013-12. „Schweißpersonal – Prüfung von Bedienern und Einrichtern zum mechanischen und automatischen Schweißen von metallischen Werkstoffen" verfügen. In Deutschland ist – wie bei den „händischen" Schweißern – eine Prüfung über die Fachkunde über die Technologie beim Schweißen nach Anhang A von DIN EN ISO 14732:2013-12 in den meisten Anwendungsbereichen vorgeschrieben.

Beim Einsatz von Robotern wie auch beim Widerstandsschweißen wird nicht der „Knopfdrücker", der die Maschine nur einschaltet oder den Schweißprozess in Gang setzt, geprüft, sondern der „Einrichter" und der „Bediener", der die Maschine programmiert oder einrichtet und den Schweißprozess überwacht und ggf. anpasst.

Die damalige EN 1418 von 1998 wurde unverändert von ISO/TC 44/SC 11 „Anforderungen für die Qualifizierung des Personals für das Schweißen und verwandte Prozesse" als ISO 14732:2013 übernommen.

Nach Abschnitt 4 von DIN EN ISO 14732:2013-12 gibt es vier Möglichkeiten, den Bediener oder Einrichter zu qualifizieren:

4.1 Verfahren zur Qualifizierung

Die Prüfung von Bedienern und Einrichtern von Schweißeinrichtungen muss nach einer in Übereinstimmung mit dem entsprechenden Teil der ISO 15609 vorbereiteten vorläufigen Schweißanweisung (pWPS) oder Schweißanweisung (WPS) erfolgen.

Die Bediener oder Einrichter für Schweißeinrichtungen müssen nach einem der folgenden Verfahren qualifiziert werden:

a) Qualifizierung auf der Grundlage einer Schweißverfahrensprüfung, nach dem entsprechenden Teil der ISO 15614;

b) Qualifizierung auf der Grundlage einer schweißtechnischen Prüfung vor Fertigungsbeginn, gemäß der ISO 15613;

c) Qualifizierung auf der Grundlage eines Prüfstückes, nach dem entsprechenden Teil der ISO 9606;

d) Qualifizierung auf der Grundlage einer Fertigungsprüfung oder Stichprobenprüfung.

Werden die Verfahren c) oder d) für Lichtbogenschweißprozesse verwendet, so müssen das Prüfen und die Bewertungskriterien für Stumpf- oder Kehlnähte nach dem entsprechenden Teil der ISO 9606 oder das Einschweißen von Rohren in Rohrböden nach ISO 15614-8 die Anforderungen erfüllen, falls nicht anders durch eine Anwendungsnorm festgelegt.

Werden die Verfahren a), c) und d) sowie das Verfahren b), welches sich auf die ISO 15614 bezieht, und die Qualifikation des Auftragschweißens, basierend auf der ISO 15614-7, für Lichtbogenschweißprozesse verwendet, müssen eine Sichtprüfung, Oberflächenprüfung (Magnetpulver-/Farbeindringprüfung) und Biegeprüfung erfolgen, wenn nur eine qualifizierte WPS vom Bediener verwendet wurde.

Werden die Verfahren c) oder d) zur Qualifizierung von Schweißeinrichtern und Bedienern für andere Schweißprozesse verwendet, muss die entsprechende Norm gelten. Legt die entsprechende Norm keine Prüf- und Bewertungskriterien für das Prüfstück fest, muss mindestens eine Sichtprüfung erfolgen und mindestens ein Makroschliff entnommen oder bei Stumpfnähten eine volumetrische Untersuchung durchgeführt werden. Die Bewertungskriterien sind wie in der entsprechenden internationale Schweißanweisung festzulegen.

Jedes Qualifizierungsverfahren kann durch eine Prüfung der schweißtechnologischen Kenntnisse ergänzt werden. Eine derartige Prüfung ist nicht vorgeschrieben. Anhang B enthält eine Empfehlung für eine derartige Prüfung.

Die Verfahren müssen durch eine Prüfung der Kenntnisse über die Arbeitsweise der eingesetzten Schweißeinrichtung ergänzt werden, siehe Anhang A.

Die wesentlichen Einflussgrößen und der Geltungsbereich sind in den entsprechenden Unterabschnitten von 4.2 sowie deren Gültigkeit in Abschnitt 5 festgelegt.

Im Abschnitt 4.2. von DIN EN ISO 14732:2013-012 sind spezielle Regelungen für das automatische Schweißen und das (voll)mechanische Schweißen enthalten:

4.2.2 Automatisches Schweißen

Die folgenden Änderungen erfordern eine erneute Qualifizierung:

- Wechsel des Schweißprozesses (ausgenommen Varianten des Schweißprozess 13 nach ISO 4063);
- Schweißen mit oder ohne Lichtbogen- und/oder Nahtsensor;
- Wechsel von der Einzellagen- zur Mehrlagentechnik (jedoch nicht umgekehrt);
- Wechsel der Art der Schweißeinrichtung (einschließlich Wechsel des Robotersteuerungssystems);
- Wechsel vom Schweißen mit Lichtbogen- und/oder Nahtsensor zum Schweißen ohne Lichtbogen- und/oder Nahtsensor, jedoch nicht umgekehrt.

4.2.3 Mechanisches Schweißen

Die folgenden Änderungen erfordern eine erneute Qualifizierung:

- Wechsel des Schweißprozesses (ausgenommen Varianten des Schweißprozess 13 nach ISO 4063);
- Wechsel von direkter Sichtprüfung zur ferngesteuerten Sichtprüfung und umgekehrt;
- Wegfall der automatischen Kontrolle der Lichtbogenlänge;
- Wegfall der automatischen Nahtverfolgung;
- zusätzliche Schweißpositionen, abweichend von den bereits nach ISO 9606-1 qualifizierten;
- Wechsel von Einzellagen- zur Mehrlagentechnik (jedoch nicht umgekehrt);
- Wegfall der Schweißbadsicherung;
- Wegfall von Schweißzusatzeinlagen.

Einen empfohlenen Vordruck für die Prüfungsbescheinigung enthält der informative Anhang C von DIN EN ISO 14732:2013-12.

Die Gültigkeitsdauer und die Festlegungen zur Verlängerung der Bediener-/Einrichterprüfung sind in Abschnitt 5 von DIN EN ISO 14732:2013-12 geregelt:

5 Gültigkeitsdauer

5.1 Erstmalige Prüfung

Die Gültigkeit der Prüfungsbescheinigung als Bediener oder Einrichter für Schweißeinrichtungen beginnt mit dem Datum der Auswertung der/des Prüfungstücke/s, vorausgesetzt, dass die erforderliche Prüfung durchgeführt wurde und die enthaltenen Prüfungsergebnisse akzeptiert wurden. Die Prüfungsbescheinigung ist alle sechs Monate zu bestätigen, sonst wird sie ungültig.

Die Gültigkeit der Prüfungsbescheinigung kann, wie in 5.3 beschrieben, verlängert werden. Die ausgewählte Art der Verlängerung der Qualifizierung nach 5.3 a), b) oder c), ist am Ausstellungsdatum auf der Prüfungsbescheinigung anzugeben.

5.2 Bestätigung der Gültigkeit

Die Gültigkeit der Prüfungsbescheinigung eines Bedieners oder Einrichters für Schweißeinrichtungen für einen Schweißprozess muss alle sechs Monate von einer Person, die für die Schweißaktivitäten zuständig ist oder von einem Prüfer/Prüfstelle bestätigt werden. Diese bestätigt, dass der Bediener oder Einrichter für Schweißeinrichtungen innerhalb des Geltungsbereiches gearbeitet hat und verlängert die Gültigkeit der Prüfungsbescheinigung für weitere sechs Monate.

Dieser Abschnitt ist für alle Optionen der Verlängerung der Qualifikation in 5.3 anwendbar.

5.3 Verlängerung der Qualifikation

Die Verlängerung der Qualifikation ist durch einen Prüfer/eine Prüfstelle durchzuführen.

Die Kompetenz des Bedieners oder Einrichters für die Schweißeinrichtungen muss periodisch durch eine der folgenden Verfahren geprüft werden:

a) Der Bediener oder Einrichter für das Schweißen muss alle sechs Jahre erneut geprüft werden.

b) Alle drei Jahre müssen zwei Schweißungen, die während der letzten sechs Monate der Gültigkeitsdauer gemacht wurden, durch Durchstrahlungs- oder Ultraschallprüfungen oder zerstörende Prüfungen geprüft und aufgezeichnet werden. Die Bewertungsgruppe für Unregelmäßigkeiten muss wie in den Anwendungsnormen festgelegt sein. Die geprüfte Schweißung muss die ursprünglichen Prüfungsbedingungen wiedergeben. Diese Prüfungen verlängern die Prüfbescheinigung für zusätzliche drei Jahre.

c) Jede Prüfbescheinigung ist gültig, solange sie nach 5.2 bestätigt und alle folgenden Bedingungen erfüllt wurden:
   - der Bediener oder Einrichter für Schweißeinrichtungen arbeitet für denselben Hersteller, für den er oder sie qualifiziert ist und der für die Fertigung des Produktes verantwortlich ist;
   - das der Hersteller über ein nachgewiesenes Qualitätsprogramm nach ISO 3834-2 oder ISO 3834-3 verfügt;
   - der Hersteller hat dokumentiert, dass der Bediener oder Einrichter für Schweißeinrichtungen Schweißungen von annehmbarer Qualität auf der Grundlage von Anwendungsnormen hergestellt hat.

5.4 Entzug der Qualifikation

Gibt es berechtigte Zweifel an der Fähigkeit des Bedieners oder Einrichters von Schweißanlagen, die Qualitätsanforderungen des Produktstandards zu erfüllen, muss ihr oder ihm die Prüfbescheinigung entzogen werden. Alle anderen Qualifikationen, die nicht angezweifelt werden, behalten ihre Gültigkeit.

3.2.3 Schweißaufsichtspersonal

Dem Normenausschuss Schweißtechnik (NA 092) und den deutschen Delegierten in CEN/TC 121/SC 2 „Anforderungen für die Qualifizierung des Personals für das Schweißen und verwandte Prozesse" ist es gelungen, die bewährten deutschen Regelungen für die Schweißaufsicht, die bereits seit Anfang der 30er-Jahre des vorigen Jahrhunderts in der Bau- und Wehrtechnik galten (vergleiche Kapitel 3.1), nach Europa zu überführen. Die Norm EN 719 „Schweißaufsicht – Aufgaben und Verantwortung" wurde in CEN/TC 121/SC 2 erstellt und 1994 erstmals veröffentlicht. Sie wurde unverändert 1997 als ISO 14731 von ISO/TC 44/SC 11 übernommen. In den Jahren 2003 bis 2005 wurde EN 719 wieder in CEN/TC 121/SC 2 überarbeitet. 2005 erschien der Entwurf prEN ISO 14731, über den im Juli und August 2006 die Schlussabstimmung erfolgte. Im Oktober 2006 erschien EN ISO 14731 und im Dezember 2006 folgte die erste deutsche Ausgabe DIN EN ISO 14731:2006-12 „Schweißaufsicht – Aufgaben und Verantwortung".

DIN EN ISO 14731:2006-12 „Schweißaufsicht – Aufgaben und Verantwortung" ist zwar redaktionell und im Aufbau gegenüber DIN EN 719 (ISO 14731) verändert worden, in den Kernaussagen entspricht sie im Wesentlichen jedoch der Vorgängernorm DIN EN 719:1994-08.

Zehn Jahre nach ihrer ersten Veröffentlichung stand die Norm im Jahr 2015 nach der ersten Bestätigung im Jahr 2010 wiederholt zur systematischen Überprüfung zwecks Bestätigung, Zurückziehung oder Überarbeitung an.

In Deutschland, Europa und der Welt hat man sich zur Ausbildung von verantwortlichem Personal wie Schweißfachmann, Schweißtechniker oder Schweißfachingenieur auf einheitliche Ausbildungsleitlinien innerhalb von DVS, EWF und IIW geeinigt, nach denen dieses Schweißaufsichtspersonal ausgebildet, geprüft und auch zertifiziert werden kann. Jedoch ist und war diese Empfehlung für die notwendigen technischen Kenntnisse und die damit verbundene Ausbildung mit Qualifizierungsprüfung aus dem informativen (!) Anhang A von ISO 14731:2006 nicht bindend.

Während einer Sitzung von ISO/TC44/SC11 zur Überarbeitung von ISO 14731:2006 am 18.05.2016 in Essen stellte sich heraus, dass Verweise auf Ausbildungsregeln von Verbänden (wie IIW) in Normen nach CEN-CENELEC-Guide 31 (Competition law for participants in CENCENELEC Activities; Edition 1, 2015-12) nicht zulässig sind. Somit durfte es in einem Anhang A nicht mehr die Verweise auf die IAB-252r3-16 (Richtlinie DVS-IIW/EWF 1170) geben.

Mit der Ausgabe 2019-07 von DIN EN ISO 14731 „Schweißaufsicht – Aufgaben und Verantwortung" entfiel der Begriff der verschiedenen erforderlichen speziellen Kenntnisse und wurde ersetzt durch den Begriff Kompetenzniveau.

Die wichtigsten Änderungen in DIN EN ISO 14731:2019-07 gegenüber der vorherigen Ausgabe von 2006 sind wie folgt:

- Der Hinweis auf IIW wurde aufgrund von Wettbewerbsregeln im bisherigen Anhang A aufgehoben.
- Anhang A befasst sich jetzt mit der Bewertung von Schweißkoordinierungspersonal.
- Der Begriff der verantwortlichen Schweißaufsicht (vSAP) wurde gestrichen.
- Ein Konzept der Kompetenz und der Ebenen (siehe Abschnitt 6) wurde eingeführt. Damit erfolgte eine Abkehr von dem bislang praktizierten Qualifikationsniveau.
- Ein neuer Unterabschnitt B.20 wurde hinzugefügt, um Gesundheit, Sicherheit und Umwelt zu behandeln.

Nachstehend sind die Definitionen (Begriffe) für die Schweißaufsicht und das Schweißaufsichtspersonal aus DIN EN ISO 14731:2019-07 Abschnitt 3 wiedergegeben:

Schweißaufsicht

Koordinierung der Ausführungen bei der Herstellung von Schweißungen und für die mit dem Schweißen zusammenhängenden Tätigkeiten

Anmerkung 1 zum Begriff: Die Schweißaufsicht kann einer Person oder einem Team zugewiesen werden.

3.3 Schweißaufsichtspersonal

Schweißaufsichtsperson

Person oder Personengruppe, die festgelegte schweißtechnische Koordinierungsaufgaben ausübt

Anmerkung 1 zum Begriff: *Vom Hersteller* (3.1) darf unterschiedliches Personal für verschiedene schweißtechnische und mit dem Schweißen verbundene Aufgaben benannt werden.

Anmerkung 2 zum Begriff: Eine Qualifikation und/oder praktische Erfahrung kann erforderlich sein.

Die Schweißaufsicht liegt in der alleinigen Verantwortung des Herstellers.

Wenn mehr als eine Person die Schweißaufsicht ausübt, sind die Aufgaben und die Verantwortung für jede Person festzulegen, sodass die Verantwortung eindeutig definiert ist und die Personen für jede spezielle schweißtechnische Koordinierungsaufgabe ausreichend kompetent sind. ...

Der Hersteller muss mindestens eine Person benennen, die für die schweißtechnischen Koordinierungsaufgaben verantwortlich ist.

Hinsichtlich der Untervergabe der Tätigkeiten von Schweißaufsichtspersonal wurde eine eindeutige Festlegung getroffen:

Wenn die Schweißaufsicht untervergeben wird, müssen die Aufgaben und die Verantwortung definiert und dokumentiert werden. Die Einhaltung dieses Dokuments bleibt jedoch in der Verantwortung des Herstellers.

Eine derartige Regelung gab es bereits vor vielen Jahren im Schienenfahrzeugbau in DIN 6700-2:2001-05 „Schweißen von Schienenfahrzeugen, Teil 2: Bauteilklassen, Anerkennung der Schweißbetriebe, Konformitätsbewertung“. Sie ist auch in der europäischen Nachfolgenorm DIN EN 15085-2:2020-12 „Bahnanwendungen – Schweißen von Schienenfahrzeugen und -fahrzeugteilen – Teil 2: Anforderungen an Schweißbetriebe“ in Abschnitt 5.3.6 enthalten:

> Schweißaufsichtspersonen, die nicht fest beim Hersteller angestellt sind, werden als untervergebene Schweißaufsichtspersonen behandelt. Sie können als Schweißaufsichtsperson des Herstellers anerkannt werden, wenn die folgenden Bedingungen erfüllt sind:
>
> a) Der Hersteller muss sicherstellen und nachweisen, dass die untervergebene Schweißaufsicht im Bedarfsfall vorhanden ist, um ihre Aufgaben nach Anhang A zu erfüllen. DIN EN 15085-2:2020-12
>
> b) Die Arbeit der untervergebenen Schweißaufsicht muss nach 5.3.5 festgelegt und dokumentiert werden. Datum, Ort, Dauer und Art der Tätigkeiten sind zu dokumentieren.

Da es in Europa im Gegensatz zu Deutschland bis Anfang der 90er-Jahre des letzten Jahrhunderts national vielfach keine oder nur wenige Ausbildungsrichtlinien für Schweißaufsichtspersonen gab, wurden als Kompromiss das Vorhandensein von technischen Kenntnissen des Schweißaufsichtspersonals als Kriterium in DIN EN ISO 14731:2006-12 festgelegt.

Bei den erforderlichen technischen Kenntnissen von Schweißaufsichtspersonen unterscheidet DIN EN ISO 14731:2006-12:

- „Allgemeine technische Kenntnisse und
- besondere technische Kenntnisse im Schweißen und verwandten Prozessen entsprechend der zugewiesenen Aufgaben. Diese können durch eine Verbindung aus theoretischem Wissen, Schulung und/oder Erfahrung erworben werden.“

Die notwendigen schweißtechnischen Kenntnisse sind also von den zugewiesenen Aufgaben der Schweißaufsichtsperson abhängig. Eine besondere Ausbildung der Schweißaufsichtsperson ist nicht zwingend vorgeschrieben, aber unbedingt empfehlenswert.

Es wird unterschieden zwischen:

- Schweißaufsichtspersonal mit umfassenden Kenntnissen (uneingeschränkt einsetzbar);
- Schweißaufsichtspersonal mit speziellen technischen Kenntnissen (eingeschränkt einsetzbar);
- Schweißaufsichtspersonal mit technischen Basiskenntnissen (eingeschränkt – nur für einfache geschweißte Konstruktionen – einsetzbar).

Der schon eingangs erwähnte informative Anhang A von DIN EN ISO 14731:2006-12 enthielt eine Auflistung der IIW (International Institute of Welding – weltweiter Schweißverband)-Ausbildungsrichtlinien von Schweißaufsichtspersonen:

- Internationaler Schweißfachingenieur IWE (EWE nach den früheren europäischen EWF-Ausbildungsrichtlinien);
- Internationaler Schweißtechniker IWT (EWT nach den früheren europäischen EWF-Ausbildungsrichtlinien);
- Internationaler Schweißfachmann IWS (EWS nach den früheren europäischen EWF-Ausbildungsrichtlinien).

Bei Schweißaufsichtspersonal, das nach den IIW-Richtlinien (oder nach den früheren EWF-Richtlinien) ausgebildet worden ist – und nach der Ausbildung in der Schweißtechnik gearbeitet hat –, kann davon ausgegangen werden, dass es die erforderlichen technischen Kenntnisse besitzt. Es musste beim Audit (Betriebsprüfung) im Rahmen eines Zertifizierungsverfahrens eines Betriebes z. B. nach DIN 18800 Teil 7 jedoch nachweisen, dass es sein theoretisches Wissen auch in die Praxis umsetzen kann. Außerdem müssen dem Schweißaufsichtspersonal die neueren Regelwerke, die für die jeweilige Produktion erforderlich und maßgebend sind, vorliegen und in den wesentlichen Grundzügen bekannt sein.

Mit der neuen Ausgabe von DIN EN 14731:2019-07 ist dieser durchaus hilfreiche Hinweis entfallen. Anstelle dessen, wo früher eine Qualifikation gefordert war, ist nun die Forderung nach Kompetenz getreten. So fordert DIN EN ISO 14731:2019-07 in Abschnitt 6.1:

Alle Schweißaufsichtspersonen müssen in der Lage sein, Folgendes nachzuweisen:

- Kompetenz in den ihnen zugewiesenen schweißtechnischen Aufgaben;
- technische Kenntnisse in der Schweißtechnik und in verwandten Technologien entsprechend der zugewiesenen Aufgaben, die durch eine Verbindung aus Wissen, Schulung und/oder Erfahrung erworben sind.

Kompetenz schließt die Anwendung von schweißtechnischen Normen und verwandten Normen ein, falls diese den zugewiesenen Aufgaben entsprechen.

Der Umfang der Berufserfahrung und das für die Schweißaufsicht erforderliche Kompetenzniveau hängen von den Folgen bei Ausfall eines geschweißten Bauteils ab.

Was versteht man nun unter Kompetenz? Im Abschnitt 3 Begriffe von DIN EN ISO 14731:2019-07 ist Kompetenz wie folgt definiert:

Kompetenz

nachgewiesene Fähigkeit, wirksam Kenntnisse, Erfahrungen sowie persönliche, soziale und methodische Fähigkeiten in vielen Arbeitssituationen und für die berufliche und persönliche Entwicklung zu nutzen

[Angepasst an die Empfehlung des Europäischen Rates 2017/C 189/03, Anhang I, (i)]

Kompetenz ist also deutlich mehr, als nur über erworbenes Wissen eine mögliche Qualifizierung, also eine erfolgreiche Prüfung, abgelegt zu haben. Kompetenz erfordert, einmal erworbenes Wissen stetig weiterzuentwickeln, das heißt, sich mit den Änderungen in Normen zu befassen, zum anderen dieses Wissen erfolgreich bei der Abwicklung von Aufträgen einzusetzen. Und das Ganze im Umgang mit verschiedenen Personenkreisen (eigene Schweißer, Kunden, Überwachungsbehörden) mit der Fähigkeit, dies in unterschiedlichsten Arbeitssituationen im positiven Sinne für das zu liefernde Produkt zu meistern. Mit der Umstellung auf den Begriff Kompetenz ist die Anforderung an den Personenkreis, die die Schweißaufsicht wahrnehmen soll, deutlich gestiegen.

In DIN EN ISO 14731:2019-07 Abschnitt 6.2 werden die Kompetenzniveaus nun wie folgt beschreiben:

6.2.1 Allgemeines

Schweißaufsichtspersonal muss in Abhängigkeit von der Art und/oder Komplexität der Fertigung einem der folgenden Kompetenzniveaus (Levels) zugeordnet werden.

6.2.2 Umfassendes Niveau (en: comprehensive)

Bei umfassenden Niveau muss das Schweißaufsichtspersonal über hochspezialisierte Problemlösungsfähigkeiten verfügen. Diese Fähigkeiten müssen kritische und ursprüngliche Bewertung zur Festlegung und Entwicklung der besten technischen und wirtschaftlichen Lösungen bei der Anwendung der Schweißtechnik und verwandter Technologien für hochkomplexe und unvorhersehbare Bedingungen umfassen.

Es muss in der Lage sein, die Schweißtechnik und verwandte Technologien für die Fertigung von Schweißkonstruktionen, einschließlich hochkomplexer Sachverhalte, zu bewältigen und anzupassen.

Es muss befähigt sein, Entscheidungen zu treffen und schweißtechnologische und mit dem Schweißen verbundene Personalaufgaben zu definieren und zu überprüfen.

6.2.3 Spezifisches Niveau (en: specific)

Bei spezifischen Niveau muss das Schweißaufsichtspersonal über fortgeschrittene Problemlösungsfähigkeiten verfügen. Diese Fähigkeiten müssen kritische Bewertung zur Findung geeigneter technischer und wirtschaftlicher Lösungen bei der Anwendung der Schweißtechnik und verwandter Technologien für komplexe und unvorhersehbare Bedingungen zu finden.

Es muss in der Lage sein, die Anwendung der Schweißtechnik und verwandter Technologien für die Fertigung von Schweißkonstruktionen, einschließlich komplexer Sachverhalte, zu bewältigen.

Es muss befähigt sein, Entscheidungen zu treffen und die schweißtechnischen und mit dem Schweißen verbundenen Personalaufgaben festzulegen.

6.2.4 Basis Niveau (en: basic)

Bei Basisniveau muss das Schweißaufsichtspersonal über grundlegende Problemlösungsfähigkeiten verfügen. Diese Fähigkeiten müssen die Fähigkeit umfassen, bei der Anwendung der Schweißtechnik und verwandter Technologien für übliche grundsätzliche und spezifische Probleme geeignete Lösungen festzulegen und zu entwickeln.

Es muss in der Lage sein, in vorhersehbaren Situationen übliche oder Standardschweißtechniken und mit dem Schweißen verbundene Technologien, die geringfügigen Änderungen unterliegen können, zu überwachen.

Es muss befähigt sein, bei gängigen oder Standardarbeiten Entscheidungen zu treffen und die grundlegenden schweißtechnischen und mit dem Schweißen verbundenen Personalaufgaben zu überwachen.

Die Abkürzungen C, S und B sind dabei nicht zufällig, diese finden sich in DIN EN 1090-2:2018-09 „Ausführung von Stahltragwerken und Aluminiumtragwerken – Teil 2: Technische Regeln für die Ausführung von Stahltragwerken" in den dortigen Tabellen 14 und 15 wieder. Diese beiden Tabellen definieren die Technischen Kenntnisse des Schweißaufsichtspersonals für Baustähle und für nicht-rostende Stähle in Abhängigkeit der Ausführungsklassen (EXC) und der zu verschweißenden Dicke.

Beim Lesen dieses Textes fällt auf, dass es eine Messbarkeit und damit Vergleichbarkeit der Niveaus nach einem Maßstab nicht gibt. Es hängt sehr von den persönlichen Maßstäben und Einschätzungen des Herstellers ab, welches Kompetenzniveau er für seine Produkte und Bauteile ansetzt. Hierzu ist Abschnitt 5.1 von DIN EN 14731:2019-07 zu beachten:

Der Hersteller muss das für das Schweißaufsichtspersonal erforderliche Ausbildungs-, Qualifikations- und Erfahrungsniveau (siehe Abschnitt 6) festlegen.

In Verbindung mit Abschnitt 4.2:

Das Kompetenzniveau des Schweißaufsichtspersonals muss der Vielschichtigkeit der schweißtechnischen und der mit dem Schweißen verbundenen Tätigkeiten, Produktart(en), der Kritikalität der Anwendung und den Qualitätsanforderungen, die in den einschlägigen Teilen der Normenreihe ISO 3834 festgelegt sind, entsprechen.

Kritikalität heißt, welche Bedeutung bzw. Auswirkung hat bzw. geht vom Versagen eines (geschweißten) Bauteiles aus, was bedeutet dessen Verlust und welche mögliche existenzielle Gefährdung geht davon aus.

Also ist hier der Hersteller gefragt, sich Gedanken zu machen. Er muss Anforderungen an eine mögliche Ausbildung (z. B. nach DVS/IIW-Richtlinie) mit einer Qualifizierungsprüfung und Anforderungen an Erfahrungen definieren, um auf dieser Basis dann Schweißaufsichtspersonal auszuwählen.

Gibt es einen Zusammenhang zwischen den drei Kompetenzniveaus und der klassischen Ausbildung zum Schweißaufsichtspersonal? In Deutschland wurde hierzu die DIN SPEC 32236:2020-04 „Qualifizierung von Schweißaufsichtspersonal“ verfasst. Mit diesem Dokument soll Unternehmen gezeigt werden, wie eine Person technische Kenntnisse auf unterschiedlichen Levels in der Schweißtechnik erlangen kann. Die etablierten und anerkannten Qualifizierungen unterstützen die Wirtschaft bei der Bewertung der Anforderungen an das auszuwählende Personal über die weltweit anerkannten Zeugnisse (IIW-, EWF- und DVS-Diplome).

IIW und EWF haben auf freiwilliger Basis Empfehlungen für die Mindestanforderungen für die Ausbildung, Prüfung und Qualifizierung des Schweißaufsichtspersonals erstellt. In der Richtlinie DVS-IIW/EWF 1170 sind die Anforderungen an die Qualifizierung von Schweißaufsichtspersonen detailliert beschrieben. In Deutschland werden in Lehrgängen des DVS – Deutscher Verband für Schweißen und verwandte Verfahren e. V. diese Inhalte vermittelt.

Eine Zuordnung der Stufen der Kompetenzniveaus nach Abschnitt 6.2 von DIN EN ISO 14731:2019-07 zu den IIW-Ausbildungen von Schweißaufsichtspersonen ist in Tabelle 3.3 enthalten.

Tabelle 3.3: Zuordnung der Abschlüsse zum Kompetenzniveau

Kompetenzniveau (Level) nach DIN EN ISO 14731:2019-07	Abschluss
Umfassendes Niveau, Level C / en: comprehensive	Internationaler Schweißfachingenieur
Spezifisches Niveau, Level S / en: specific	Internationaler Schweißtechniker
Basis Niveau, Level B / en: basic	Internationaler Schweißfachmann

Bei dem Teilnehmer, welcher durch Lehrgangsteilnahme und anschließender erfolgreicher Prüfung nachgewiesen hat, die Anforderungen des Qualifikationsprogramms zu erfüllen, und damit über ausreichende Kenntnis des dort beschriebenen Lehrgangsstoffes verfügt, kann davon ausgegangen werden, dass die entsprechenden Anforderungen nach DIN EN ISO 14731:2019-07, die an eine Schweißaufsicht der unterschiedlichen Niveaus gestellt werden, erfüllt sind.

Der normative Anhang B von DIN EN ISO 14731:2006-12 „Wesentliche mit dem Schweißen verbundene Aufgaben nach ISO 3834, die zu berücksichtigen sind, sofern zutreffend“ ist bis auf das Hinzufügen des Elementes B.20 „Umwelt, Gesundheit und Sicherheit“ in DIN EN ISO 14731:2019-07 unverändert geblieben. Dieser verbindliche Anhang enthält in Textform die wesentlichen Aufgaben von Schweißaufsichtspersonal. Es müssen natürlich nur die Aufgaben und Tätigkeiten übernommen werden, die für die jeweilige Fertigung relevant sind. So wird im bauaufsichtlichen Bereich – im Gegensatz zum Druckbehälterbau – in der Regel keine Wärmebehandlung nach dem Schweißen durchgeführt. Deshalb ist die Wärmebehandlung in der Regel kein Thema bei einer Zertifizierung im bauaufsichtlichen Bereich nach DIN EN 1090-1. Die Aufgaben der Schweißaufsicht können auf mehrere Schweißaufsichtspersonen aufgeteilt werden.

„Wenn die Schweißaufsicht von mehreren Personen ausgeübt wird, sind die Aufgaben und Verantwortung für jede Person festzulegen, sodass die Verantwortung eindeutig definiert ist, und die Personen für jede bestimmte Aufgabe der Schweißaufsicht qualifiziert sind.“

Der Anhang B von DIN EN ISO 14731:2006-12 bzw. 2019-07 ersetzt die bisherige Tabelle 1 „Zu beachtende schweißtechnische Tätigkeiten, soweit zutreffend“ von DIN EN 719:1994-08. Der Anhang B von DIN EN ISO 14731 folgt in der Gliederung und im Aufbau weitgehend EN ISO 3834-2. Einzig das

Element B.20 „Umwelt, Gesundheit und Sicherheit" gibt es in der DIN-EN-ISO-3834er-Reihe nicht.

Die Titel der Abschnitte des Anhangs B von DIN EN ISO 14731: 2019-07 sind nachstehend wiedergegeben:

B.1 Überprüfung der Anforderungen

B.2 Technische Überprüfung

B.3 Untervergabe

B.4 Schweißtechnisches Personal

B.5 Einrichtungen

B.6 Fertigungsplanung

B.7 Qualifizierung von Schweißverfahren

B.8 Schweißanweisungen

B.9 Arbeitsanweisungen

B.10 Schweißzusätze

B.11 Werkstoffe

B.12 Inspektion und Prüfung vor dem Schweißen

B.13 Inspektion und Prüfung während des Schweißens

B.14 Inspektion und Prüfung nach dem Schweißen

B.15 Wärmebehandlung nach dem Schweißen

B.16 Mangelnde Übereinstimmung und Korrekturmaßnahmen

B.17 Kalibrierung und Validierung von Mess-, Überwachungs- und Prüfeinrichtungen

B.18 Kennzeichnung und Rückverfolgbarkeit

B.19 Qualitätsberichte

B.20 Umwelt, Gesundheit und Sicherheit

Die Normen DIN EN ISO 3834 und DIN EN ISO 14731 sind – wenn auch in unterschiedlichen Unterkomitees (SC) – im ISO/TC44 erarbeitet worden.

Häufig wird der Fehler gemacht, die drei Stufen der Qualitätsanforderungen nach DIN EN ISO 3834 mit den drei Stufen der technischen Kenntnisse von Schweißaufsichtspersonen nach DIN EN ISO 14731 zu koppeln. Dies ist aber nicht gewollt und somit falsch! Richtig ist, dass für umfassende und Standard-Qualitätsanforderungen nach DIN EN ISO 3834-2 und DIN EN ISO 3834-3 Schweißaufsichtspersonal nach ISO 14731 gefordert wird (siehe Tabelle 3.4 – Ausschnitt aus Anhang A von ISO 3834-1:2022-07), während bei elementaren Qualitätsanforderungen kein Schweißaufsichtspersonal nach ISO 14731 gefordert wird. Bei elementaren Qualitätsanforderungen wird aber zumindest der qualifizierte (geprüfte) Schweißer und Bediener sowie der qualifizierte Prüfer gefordert.

Das erforderliche vom Hersteller festzulegende Kompetenzniveau der Schweißaufsichtsperson ist abhängig von:

- anzuwendenden Produktnormen,
- verwendeten Werkstoffen;
- angewendeten Schweißprozessen;
- Dicke des Bauteils (mehrachsiger Eigenspannungszustand [Sprödbruch- und Terrassenbruchgefahr]);
- Komplexität des Bauteils (Geometrie und Abmessungen);
- Beanspruchungsart (vorwiegend ruhend oder nicht vorwiegend ruhend beansprucht);
- angewendeter Teil von DIN EN ISO 3834.

Das für die jeweilige Fertigung erforderliche Kompetenzniveau und damit auch der Umfang der technischen Kenntnis der Schweißaufsichtsperson hat also nichts mit den geforderten Qualitätsanforderungen zu tun. Es können durchaus umfassende Qualitätsanforderungen bestehen und die Schweißaufsichtsperson verfügt lediglich über „technische Basiskenntnisse“ wie z. B. des Schweißfachmannes. Dies sei an einem einfachen Beispiel erläutert. Es werden Türaufhängungen eines Schaltschranks (Werkstoff S235 nach DIN EN 10025) für kerntechnische Anlagen gebaut. Für die kerntechnische Anlage sind Überprüfung und Dokumentation der umfassenden Qualitätsanforderungen nach DIN EN ISO 3834-2 vorgeschrieben. Für die Schweißaufsicht beim Schweißen der Türaufhängungen reichen technische Basiskenntnisse für das Schweißaufsichtspersonal.

Tabelle 3.4: Forderungen von DIN EN ISO 3834-1:2022-01 hinsichtlich Schweißer, Bediener, Schweißaufsichtspersonal sowie Überwachungs- und Prüfpersonal (Auszug aus Anhang A von DIN EN ISO 3834-1:2022-01)

Nr.	Element	ISO 3834-2	ISO 3834-3	ISO 3834-4
4	Schweißer und Bediener	Qualifizierung wird gefordert		
5	Schweißaufsichts-personal	wird gefordert		keine spezielle Anforderung
6	Überwachungs- und Prüfpersonal	Qualifizierung wird gefordert		

Wie bereits ausgeführt, forderte schon im Jahre 1931 die deutsche Stahlbaunorm DIN 4100 einen „Fachingenieur“, der auch für das Schweißen „gründliche Kenntnisse und praktische Erfahrung“ besaß (vergleiche Kapitel 3.1). So wurden noch in rein deutschen Anwendungsregelwerken wie DIN 18800-7:2002-09 präzise Forderungen hinsichtlich der jeweils erforderlichen Stufe der technischen Kenntnisse von Schweißaufsichtspersonen erhoben.

In den europäischen Anwendungsregelwerken, z. B. in DIN EN 1090-2:2018-09 und DIN EN 1090-3 „Ausführung von Stahltragwerken und Aluminiumtragwerken – Teil 2: Technische Anforderungen an Stahltragwerke“ sowie im „Teil 3: Technische Anforderungen an Aluminiumtragwerke“ sind die Anforderungen an die technischen Kenntnisse in Tabellen in Abhängigkeit von den Ausführungsklassen (EXC), den Werkstoffen und den Dicken enthalten. Dabei wird nunmehr auf die (DIN) EN 14731 (undatiert) verwiesen.

Tabelle 3.5: Technische Kenntnisse des Schweißaufsichtspersonals für Baustähle nach DIN EN 1090-2:2018-09, Tabelle 14

EXC	Stähle (Gruppe)	Bezugsnormen	Dicke mm		
			$t \leq 25$[a]	$25 < t \leq 50$[b]	$t > 50$
EXC2	S235 bis S355 (1.1, 1.2, 1.4)	EN 10025-2, EN 10025-3, EN 10025-4, EN 10025-5, EN 10149-2, EN 10149-3, EN 10210-1, EN 10219-1	B	S	C[c]
	S420 bis S700 (1.3, 2, 3)	EN 10025-3, EN 10025-4, EN 10025-6, EN 10149-2, EN 10149-3, EN 10210-1, EN 10219-1	S	C[d]	C
EXC3	S235 bis S355 (1.1, 1.2, 1.4)	EN 10025-2, EN 10025-3, EN 10025-4, EN 10025-5, EN 10149-2, EN 10149-3, EN 10210-1, EN 10219-1	S	C	C
	S420 bis S700 (1.3, 2, 3)	EN 10025-3, EN 10025-4, EN 10025-6, EN 10149-2, EN 10149-3, EN 10210-1, EN 10219-1	C	C	C
EXC4	Alle	Alle	C	C	C

[a] Stützenfußplatten und Stirnbleche ≤ 50 mm
[b] Stützenfußplatten und Stirnbleche ≤ 75 mm
[c] Für Stähle bis einschließlich S275 ist Kenntnisstufe S ausreichend.
[d] Für Stähle N, NL, M und ML ist Kenntnisstufe S ausreichend.

Tabelle 3.6: Technische Kenntnisse des Schweißaufsichtspersonals für Nichtrostende Stähle nach DIN EN 1090-2:2018-09, Tabelle 15

EXC	Stähle (Gruppe)	Bezugsnormen	Dicke (mm)		
			$t \leq 25$	$25 < t \leq 50$	$t > 50$
EXC2	Austenitische (8) Ferritische (7.1)	EN 10088-4:2009, Tabelle 3 EN 10088-5:2009, Tabelle 4 EN 10296-2:2005, Tabelle 1 EN 10297-2:2005, Tabelle 2	B	S	C
	Austenitisch-ferritische (10)	EN 10088-4:2009, Tabelle 4 EN 10088-5:2009, Tabelle 5 EN 10296-2:2005, Tabelle 1 EN 10297-2:2005, Tabelle 3	S	C	C
EXC3	Austenitische (8) Ferritische (7.1)	EN 10088-4:2009, Tabelle 3 EN 10088-5:2009, Tabelle 4 EN 10296-2:2005, Tabelle 1 EN 10297-2:2005, Tabelle 2	S	C	C
	Austenitisch-ferritische (10)	EN 10088-4:2009, Tabelle 4 EN 10088-5:2009, Tabelle 5 EN 10296-2:2005, Tabelle 1 EN 10297-2:2005, Tabelle 3	C	C	C
EXC4	Alle	Alle	C	C	C

Tabelle 3.7: Technische Kenntnisse des Schweißaufsichtspersonals für Aluminium nach DIN EN 1090-3:2019-07, Tabelle 9

Ausführungsklasse	Basiswerkstoff	Art des Schweißzusatzes			
		Typ 3, Typ 4		Typ 5	
		Material-Nenndicke mm		Material-Nenndicke mm	
		$t \leq 12$[a]	$t > 12$	$t \leq 12$[a]	$t > 12$
EXC2	3xxx, 5xxx	B	S	B	S
	Sonstige			S	
EXC3	3xxx, 5xxx	S	S	S	C
	Sonstige		C	C	
EXC4	alle	C			

B technische Basiskenntnisse nach EN ISO 14731;
S spezielle technische Kenntnisse nach EN ISO 14731;
C umfassende technische Kenntnisse nach EN ISO 14731.

ANMERKUNG Diese Tabelle enthält keine Empfehlungen über die Kombinierbarkeit der Konstruktionsmaterialien (Basiswerkstoff und Schweißzusatz). Erlaubte und empfohlene Kombinationen siehe EN 1999-1-1.

[a] Endplatten bis zu 25 mm Dicke.

In DIN EN 15085-2:2020-12 „Bahnanwendungen –Schweißen von Schienenfahrzeugen und -fahrzeugteilen – Teil 2: Anforderungen an Schweißbetriebe" sind Festlegungen zu den erforderlichen Stufen der technischen Kenntnisse nach DIN EN ISO 14731 beschreiben:

Der Hersteller muss über eine ausreichende Anzahl entsprechend qualifizierter Schweißaufsichtspersonen mit dem relevanten technischen Wissen zu und Erfahrungen mit den von ihnen zu erfüllenden Aufgaben nach EN ISO 14731 verfügen.

Der Hersteller muss anhand von Dokumenten nachweisen, dass das Schweißaufsichtspersonal für die erforderliche Stufe nach dieser Europäischen Norm ein entsprechendes technisches Wissen und Erfahrungen hat. Der Aufgaben- und Verantwortungsbereich der Schweißaufsichtspersonen ist in Anhang A definiert.

Im Sinn dieses Dokumentes werden nachfolgend drei Stufen von Schweißaufsichtspersonal festgelegt:

Stufe A: Personal mit umfassenden technischen Kenntnissen nach EN ISO 14731 und angemessener Berufserfahrung für den entsprechenden Anwendungsbereich;

Stufe B: Personal mit spezifischen technischen Kenntnissen nach EN ISO 14731 und angemessener Berufserfahrung für den entsprechenden Anwendungsbereich;

Stufe C: Personal mit technischen Basiskenntnissen nach EN ISO 14731 und angemessener Berufserfahrung für den entsprechenden Anwendungsbereich.

Um den Hersteller bei der Entwicklung seines Schweißaufsichtsteams zu unterstützen, kann der Leitfaden in Anhang D verwendet werden, um den aktuellen Stand des technischen Wissens seiner Schweißaufsicht zu bewerten und Lücken für die Personalentwicklung zu identifizieren.

Der Hersteller muss über ein schriftliches Verfahren verfügen, wie Schweißaufsichtspersonal nach diesem Dokument qualifiziert und bestimmt wird.

Im Abschnitt 5.3 wird dann weiterhin detailliert beschreiben, welche Qualifikationen diese Norm unter den unterschiedlichen Stufen A, B und C von der Schweißaufsicht erfordert. Vielleicht hatten die Verfasser im CEN/TC 256 „Bahnanwendungen" genügend Weitsicht, konkrete Qualifikationsabschlüsse in den Stufen A, B und C vom Schweißaufsichtspersonal zu fordern, da diese ja wie erwähnt mit der Neufassung von DIN EN ISO 14731:2019-07 durch Wegfall des ehemaligen Anhangs A verloren ging.

DIN EN 15085-2:2020-12 fordert mit Verweis auf Regelwerke der European Welding Federation (EWF) Schweißaufsichtspersonal mit Qualifikation nach Doc. IAB-252/EWF-416. Qualifikation bedeutet: Bestätigung des formalen Ergebnisses eines Beurteilungs- und Validierungsprozesses, um festzustellen, dass die Lernergebnisse einer Person einem vorgegebenen Programm entsprechen [aus DIN EN ISO 14732:2019-07: Angepasst an die Empfehlung des Europäischen Rates 2017/C 189/03, Anhang I, (a)]. Oder einfach gesagt; eine bestandene Prüfung mit Zeugnis.

Der Text von DIN EN 15085-2:2020-12 lautet wie folgt:

5.3.2 Schweißaufsicht mit umfassenden technischen Kenntnissen (Stufe A)

Das Personal muss über umfassende technische Kenntnisse auf dem Gebiet des Schweißens und verwandter Technologien nach EN ISO 14731 verfügen, die für die zugewiesenen Aufgaben relevant sind; sie müssen durch eine Kombination von Ausbildung, Schulung und/oder Erfahrung erworben worden sein. Ergänzend müssen Kenntnisse über die Normenreihe EN 15085 nachgewiesen werden.

Als Richtlinie zum Nachweis umfassender technischer Kenntnisse dürfen folgende Qualifikation verwendet werden:

a) Personal mit Qualifikation entsprechend Doc. IAB-252/EWF-416 — Internationaler Schweißingenieur (IWE, en: International Welding Engineer) oder europäischer Schweißingenieur (EWE, en: European Welding Engineer);

b) Personal mit Qualifikation entsprechend Doc. IAB-252/EWF-416 — Internationaler Schweißtechnologe (IWT, en: International Welding Technologist) oder europäischer Schweißtechnologe (EWT, en: European Welding Technologist) mit Nachweis über umfassende technische Kenntnisse.

5.3.3 Schweißaufsicht mit spezifischen technischen Kenntnissen (Stufe B)

Das Personal muss über spezifische technische Kenntnisse auf dem Gebiet des Schweißens und verwandter Technologien nach EN ISO 14731 verfügen, die für die zugewiesenen Aufgaben relevant sind; sie müssen durch eine Kombination von Ausbildung, Schulung und/oder Erfahrung erworben worden sein. Ergänzend müssen Kenntnisse über die Normenreihe EN 15085 nachgewiesen werden.

Als Richtlinie zum Nachweis spezifischer technischer Kenntnisse darf folgende Qualifikation verwendet werden:

a) Personal mit Qualifikation entsprechend Doc. IAB-252/EWF-416 – Internationaler Schweißtechnologe (IWT) oder europäischer Schweißtechnologe (EWT);

b) Personal mit Qualifikation entsprechend Doc. IAB-252/EWF-416 – Internationaler Schweißspezialist (IWS, en: International Welding Specialist) oder europäischer Schweißspezialist (EWS, en: European Welding Specialist) mit Nachweis über spezifische technische Kenntnisse.

5.3.4 Schweißaufsicht mit technischen Basiskenntnissen (Stufe C)

Das Personal muss über technische Basiskenntnisse auf dem Gebiet des Schweißens und verwandter Technologien nach EN ISO 14731 verfügen, die für die zugewiesenen Aufgaben relevant sind; sie müssen durch eine Kombination von Ausbildung, Schulung und/oder Erfahrung erworben worden sein. Ergänzend müssen Kenntnisse über die Normenreihe EN 15085 nachgewiesen werden.

Als Richtlinie zum Nachweis technischer Basiskenntnisse darf folgende Qualifikation verwendet werden:

a) Personal mit Qualifikation entsprechend Doc. IAB-252/EWF-416 – Internationaler Schweißspezialist (IWS) oder europäischer Schweißspezialist (EWS);

b) Personal mit Qualifikation entsprechend Doc. IAB-252/EWF-416 – Internationaler Schweißpraktiker (IWP, en: International Welding Practitioner) oder europäischer Schweißpraktiker (EWP, en: European Welding Practitioner) mit Nachweis über technische Grundkenntnisse.

3.3 Personal für zerstörungsfreie Prüfungen

3.3.1 Allgemeines

DIN EN ISO 9712:2021-12: „Zerstörungsfreie Prüfung – Qualifizierung und Zertifizierung von Personal der zerstörungsfreien Prüfung“ enthält die Festlegungen zu den Stufen des Personals für zerstörungsfreie Prüfungen und unterscheidet – wie der Titel es bereits ausdrückt – zwischen Qualifizierung und Zertifizierung des Personals. Zum Zeitpunkt der Erstellung des Manuskripts dieses Fachbuchs lag eine modifizierte Fassung als Entwurf DIN EN ISO 9712:2021-02 mit gleichem Titel vor. Gegenüber DIN EN ISO 9712:2012-12 sollen folgende Änderungen vorgenommen werden: a) Verantwortlichkeiten der Zertifizierungsstelle, der autorisierten Qualifizierungsstelle, des Prüfungszentrums und des Arbeitgebers klarer formuliert; b) Begriffe ergänzt und teilweise überarbeitet; c) Anforderungen an die Ausbildungs- und Erfahrungszeiten überarbeitet; d) Anforderungen an die Sehfähigkeitsprüfung überarbeitet; e) Anforderung an die Zertifizierungsdokumentation überarbeitet; f) Anforderungen an die Zertifizierungsbedingungen überarbeitet; g) weitere technische und redaktionelle Änderungen.

Tabelle 3.8 enthält die Verfahren und Symbole der zerstörungsfreien Prüfung nach DIN EN ISO 9712 (Tabelle 1 von DIN EN ISO 9712:2012-12).

Tabelle 3.8: Verfahren und Abkürzungen der zerstörungsfreien Prüfung nach DIN EN ISO 9712:2012-12 (Tabelle 1 von DIN EN ISO 9712:2012-12)

ZfP-Verfahren	Abkürzung
Schallemissionsprüfung	AT
Wirbelstromprüfung	ET
Infrarotthermografieprüfung	TT
Dichtheitsprüfung	LT
Magnetpulverprüfung	MT
Eindringprüfung	PT
Durchstrahlungsprüfung	RT
Dehnungsmessstreifenprüfung	ST
Ultraschallprüfung	UT
Sichtprüfung	VT

Nachstehend sind einige Begriffe aus DIN EN ISO 9712:2021-12 wiedergegeben:

3.23 Qualifizierung: Nachweis von körperlicher Eignung, Kenntnissen, Fertigkeiten, Schulung und Erfahrung, der zur fachgerechten Ausführung von ZfP-Aufgaben notwendig ist

3.24 Qualifizierungsprüfung: Prüfung, die von der Zertifizierungsstelle oder der autorisierten Qualifizierungsstelle durchgeführt wird, und in der die allgemeinen, speziellen und praktischen Kenntnisse und Fertigkeiten des Kandidaten bewertet werden

3.1 autorisierte Qualifizierungsstelle: Stelle, die unabhängig vom Arbeitgeber ist und durch die Zertifizierungsstelle autorisiert wurde, Qualifizierungsprüfungen vorzubereiten und durchzuführen

3.5 Zertifizierung: Vorgehensweise der Zertifizierungsstelle, mittels derer bestätigt wird, dass die Qualifizierungsanforderungen für ein Verfahren, eine Stufe und Sektor erfüllt wurden, und die zur Ausstellung eines Zertifikates führt

3.6 Zertifizierungsstelle: Stelle, die eine Vorgehensweise zur Zertifizierung nach festgelegten Anforderungen durchführt

ANMERKUNG Die Anforderungen sind in dieser Internationalen Norm festgelegt.

3.4 Zertifikat: Dokument, das von der Zertifizierungsstelle nach spezifizierten Regelungen ausgestellt wurde und das ausweist, dass die angegebene Person die im Zertifikat festgelegte(n) Kompetenz(en) nachgewiesen hat

ANMERKUNG Die Regelungen sind in dieser Internationalen Norm festgelegt.

3.11 industrielle Erfahrung: unter qualifizierter Aufsicht in der Anwendung des ZfP-Verfahrens in dem betroffenen Sektor gewonnene Erfahrung, die von der Zertifizierungsstelle akzeptiert wird, und die notwendig ist, um die Fertigkeiten und Kenntnisse zur Erfüllung der Qualifizierungsvorgaben zu erwerben.

DIN EN ISO 3834-2:2021-08 „Umfassende QS“, DIN EN ISO 3834-3:2021-08 „Standard QS“ und DIN EN ISO 3834-4:2021-08 „Elementare QS“ verlangen (nur) qualifiziertes Personal für die Durchführung der zerstörungsfreien Prüfungen (vergleiche Tabelle 3.4); eine Zertifizierung ist nicht gefordert.

Es muss jedoch unbedingt darauf geachtet werden, ob im Vertrag, der Spezifikation oder im Anwendungsregelwerk qualifiziertes oder zertifiziertes Prüfpersonal gefordert wird!

Häufig wird in Anwendungswerken (z. B. im bauaufsichtlichen Bereich oder im Druckgerätebau) oder in Spezifikationen eine Qualifizierung oder Zertifizierung des Prüfpersonals für Sichtprüfungen nicht gefordert, für alle anderen Prüfungen wird sie zumindest für qualitätsrelevante oder anschließende Prüfungen verlangt. Auch DIN EN ISO 3834-2 bis DIN EN ISO 3834-4 enthält die Aussage: „Für die Sichtprüfung ist nicht immer eine Prüfung der Qualifikation erforderlich. Wenn eine Prüfung der Qualifikation nicht erforderlich ist, muss die Fähigkeit durch den Hersteller nachgewiesen werden." Aber in jedem Fall sollten die Personen, die Sichtprüfungen durchführen, die Anforderungen an die Sehfähigkeit nach Abschnitt 7.4 von DIN EN ISO 9712:2021-12 erfüllen (siehe Kapitel 3.3.2):

a) die Nahsehfähigkeit muss ausreichen, um die Jaeger-Nummer-1-Buchstaben oder Times Roman 4,5 oder gleichwertige Sehzeichen (mit einer Höhe von 1,6 mm) in einem Abstand von nicht weniger als 30 cm mit mindestens einem Auge, mit oder ohne Sehhilfe, lesen zu können;

b) das Farbsehvermögen muss ausreichend sein, dass der Kandidat Kontraste zwischen Farben oder Grauschattierungen erkennen und unterscheiden kann, die bei den betreffenden ZfP-Verfahren, wie vom Arbeitgeber festgelegt, benutzt werden.

3.3.2 Prüfer

DIN EN 1090-2:2018-09 sagt in Abschnitt 12.4.1: „Die ZfP muss, mit Ausnahme von Sichtprüfungen, durch Personal ausgeführt werden, das nach EN ISO 9712 qualifiziert ist." Das heißt, zerstörungsfreie Prüfungen wie Eindringprüfung (PT), Magnetpulverprüfung (MT), Durchstrahlungsprüfung (RT) und Ultraschallprüfungen (UT) sind von Personal auszuführen, die mit mindestens Stufe 2 im jeweiligen Verfahren qualifiziert sind. Die daraus abgeleitete Forderung nach Stufe 2 ergibt sich dadurch, dass vorliegende Ergebnisse bewertet werden müssen.

Das AD-2000-Regelwerk zum Bau von Druckbehältern schreibt in Merkblatt AD 2000 HP 4:2020-01 in Abschnitt 3 über Prüfer:

Die Prüfer müssen eine Zertifizierung nach DIN EN ISO 9712 für die anzuwendenden Prüfverfahren sowie für den Produktsektor der geschweißten Produkte (w) nachweisen und ausreichende technische Grundkenntnisse besitzen, um die Prüfungen entsprechend dem AD 2000-Merkblatt HP 5/3 durchführen zu dürfen. Die Bewertung der Prüfung erfolgt durch einen Prüfer entsprechend DIN EN ISO 9712.

Personen, die Sichtprüfungen im Sinne des AD 2000-Merkblatts HP 5/3, Abschnitt 2.1, Satz 1 oder des AD 2000-Merkblatts HP 512, Abschnitt 5 (5) durchführen, müssen über ausreichende Kenntnisse der einschlägigen Normen und Spezifikationen verfügen. Eine Qualifikation und Zertifizierung nach DIN EN ISO 9712 sind hierfür nicht erforderlich.

DIN EN ISO 9712:2021-12 enthält drei Qualifizierungsstufen, wobei die Stufe 3 in der Regel nur Tätigkeiten der Prüfaufsicht wahrnimmt (siehe Kapitel 3.3.3).

Stufe 1:

Eine Person, die in der Stufe 1 zertifiziert ist, hat die Fähigkeit nachgewiesen, ZfP nach einer Prüfanweisung und unter der Aufsicht von Stufe-2- oder Stufe-3-Personal auszuführen. Das Stufe-1-Personal darf innerhalb des auf dem Zertifikat festgelegten Geltungsbereiches durch den Arbeitgeber autorisiert werden, Nachstehendes in Übereinstimmung mit ZfP-Prüfanweisungen auszuführen:

a) ZfP-Geräte einzustellen;

b) Prüfungen durchzuführen;

c) Prüfergebnisse aufzuzeichnen und auf der Grundlage schriftlicher Kriterien einzuordnen;

d) über die Ergebnisse zu berichten.

Stufe-1-Personal darf weder für die Auswahl des anzuwendenden Prüfverfahrens oder der Prüftechnik noch für die Auswertung von Prüfergebnissen verantwortlich sein.

Stufe 2:

Eine Person, die in der Stufe 2 zertifiziert ist, hat die Fähigkeit nachgewiesen, zerstörungsfreie Prüfungen nach ZfP-Verfahrensbeschreibungen durchzuführen. Das Stufe-2-Personal darf innerhalb des auf dem Zertifikat festgelegten Geltungsbereiches durch den Arbeitgeber autorisiert werden:

a) die ZfP-Prüftechnik für das anzuwendende Prüfverfahren auszuwählen;

b) die Grenzen für die Anwendung des Prüfverfahrens festzulegen;

c) ZfP-Regelwerke, Normen, Spezifikationen und Verfahrensbeschreibungen in Prüfanweisungen, die den realen Arbeitsbedingungen angepasst sind, umzuwandeln;

d) Geräte einzustellen und die Einstellungen zu verifizieren;

e) Prüfungen durchzuführen und zu überwachen;

f) Prüfergebnisse nach anzuwendenden Normen, Regelwerken, Spezifikationen oder Verfahrensbeschreibungen auszulegen und zu bewerten;

g) alle Tätigkeiten in oder unterhalb der Stufe 2 durchzuführen und zu überwachen;

h) Personal in oder unterhalb der Stufe 2 anzuleiten;

i) Ergebnisse von zerstörungsfreien Prüfungen zu dokumentieren.

Stufe 3:

Eine Person, die in der Stufe 3 zertifiziert ist, hat die Fähigkeit nachgewiesen, ZfP-Tätigkeiten auszuführen und zu leiten, für die sie zertifiziert ist. Stufe-3-Personal hat

a) die Kompetenz zur Bewertung und Interpretation von Ergebnissen auf Basis existierender Normen, Regelwerken und Spezifikationen;

b) ausreichend praktische Kenntnisse über anzuwendende Materialien, Herstellung, Prozess- und Produkttechnologien, um ZfP-Verfahren auszuwählen, ZfP-Techniken zu etablieren und bei der Erstellung von Zulassungskriterien mitzuwirken, wenn diese anderweitig nicht verfügbar sind;

c) allgemeine Kenntnisse über andere ZfP-Verfahren nachgewiesen.

Stufe-3-Personal darf innerhalb des auf dem Zertifikat festgelegten Geltungsbereiches autorisiert werden:

a) die volle Verantwortung für eine Prüfeinrichtung oder ein Prüfungszentrum und die Belegschaft zu übernehmen;

b) ZfP-Prüfanweisungen und Verfahrensbeschreibungen aufzustellen, auf redaktionelle und technische Richtigkeit zu prüfen und zu validieren;

c) Normen, Regelwerke, Spezifikationen und Verfahrensbeschreibungen auszulegen;

d) die zu verwendenden Prüfverfahren, Verfahrensbeschreibungen und ZfP-Prüfanweisungen festzulegen;

e) alle Aufgaben in allen Stufen auszuführen und zu überwachen;

f) ZfP-Personal aller Stufen anzuleiten.

DIN EN ISO 9712:2021-12 enthält in der dortigen Tabelle 2 die Mindestanforderungen an die Schulung und in Tabelle 3 Mindestanforderungen an die industrielle Erfahrungszeit der Prüfer in den verschiedenen Prüfverfahren und den Stufen 1 bis 3.

Die Gültigkeitsdauer des Zertifikats beträgt höchstens 5 Jahre. Die Gültigkeitsdauer muss beginnen (Ausstellungsdatum), wenn alle Anforderungen für die Zertifizierung (Schulung, Erfahrung, zufriedenstellende Sehfähigkeitsüberprüfung, erfolgreiche Qualifizierungsprüfung) erfüllt sind. Sie muss für jedes gewünschte Prüfverfahren einzeln bescheinigt werden.

Die wichtigsten Voraussetzungen für die Zertifizierung sind neben dem Nachweis der Kenntnisse der Nachweis der Anforderungen an die Sehfähigkeit. Sie gilt für alle Stufen!

Der Kandidat muss den Nachweis zufriedenstellender Sehfähigkeit, die durch einen Augenarzt, Augenoptiker oder eine sonstige medizinisch anerkannte Person ermittelt wurde, in Übereinstimmung mit den folgenden Anforderungen erbringen:

a) die Nahsehfähigkeit muss ausreichen, um die Jaeger-Nummer-1-Buchstaben oder Times Roman 4,5 oder gleichwertige Sehzeichen (mit einer Höhe von 1,6 mm) in einem Abstand von nicht weniger als 30 cm mit mindestens einem Auge, mit oder ohne Sehhilfe, lesen zu können;

b) das Farbsehvermögen muss ausreichend sein, dass der Kandidat Kontraste zwischen Farben oder Grauschattierungen erkennen und unterscheiden kann, die bei den betreffenden ZfP-Verfahren, wie vom Arbeitgeber festgelegt, benutzt werden.

Nach der Zertifizierung müssen die Prüfungen der Nahsehfähigkeit mindestens einmal jährlich durchgeführt und durch den Arbeitgeber bestätigt werden.

3.3.3 Prüfaufsicht

In den meisten Anwendungsregelwerken oder durch die zutreffenden Spezifikationen wird eine Prüfaufsicht gefordert. In der Normenreihe DIN EN ISO 3834 wird sie explizit nicht gefordert. DIN EN ISO 3834-2, -3 und -4 alle Ausgabe 2021-08 sprechen jeweils im Abschnitt 8 von Personal für zerstörungsfreie Prüfungen, sie differenzieren nicht zwischen Prüfer und Prüfaufsicht.

Die Festlegungen zur Prüfaufsicht können in den verschiedenen Anwendungsregelwerken sehr unterschiedlich sein. In einigen Bereichen gibt es keine Forderungen, in anderen Anwendungsregelwerken sind mehrere Möglichkeiten für das Personal der Prüfaufsicht vorgesehen.

DIN EN 1090-2:2018-09 kennt nicht den Begriff der Prüfaufsicht. Aber Stufe-2-Personal darf vorliegende Ergebnisse bewerten. Insofern ist mit Personal der Stufe 2 einer nicht ausgesprochenen Forderung nach Prüfaufsicht Genüge getan.

Eine zertifizierte Stufe-3-Person nach DIN EN ISO 9712 darf immer als Prüfaufsicht eingesetzt werden!

Eine Prüfaufsicht ist in der Europäischen Norm EN 15085-5 „Bahnanwendungen – Schweißen von Schienenfahrzeugen und -fahrzeugteilen – Teil 5: Prüfung und Dokumentation" nicht enthalten. In Abschnitt 4.4.2 wird eine Werkerselbstprüfung durch den Schweißer oder Bediener beschrieben: „Wenn ein Werkerselbstprüfungssystem eingesetzt wird, muss das Personal, das mit der Werkerselbstprüfung betraut wurde, in geeigneter Weise im Hinblick auf die Durchführung der Sichtkontrolle und die Anforderungen der EN 15085-3:2007, Abschnitt 5, durch die verantwortliche Schweißaufsicht oder einen Beauftragten (Vertreter der verantwortlichen Schweißaufsicht oder VT 2-Prüfer nach EN 473) ausgebildet und eingewiesen werden." Ergänzend und präzisierend besagt das nationale Vorwort: „Die Sichtprüfung bei Schweißnähten der Schweißnahtprüfklassen CT 3 und CT 4 kann in Deutschland von einem Sichtprüfer durchgeführt werden, der durch die verantwortliche Schweißaufsichtsperson des Schweißbetriebes qualifiziert wurde."

Als ein anderes Beispiel sei das AD-2000-Regelwerk zum Bau von Druckbehältern aufgeführt. Im Merkblatt AD 2000 HP 4:2020-01 wird in Abschnitt 3 über Prüfaufsichten geschrieben:

Die Prüfaufsicht muss ein für ihre Aufgaben erforderliches Wissen, Grundkenntnisse in der Schweißtechnik und eine Zertifizierung nach DIN EN ISO 97121) (mindestens Stufe 2) für die anzuwendenden Prüfverfahren sowie für den Produktsektor der geschweißten Produkte (w) besitzen. Sie muss die durchzuführenden Prüfungen entsprechend den im AD 2000-Merkblatt HP 5/3 festgelegten Anforderungen beherrschen. Sie hat sich von dem notwendigen Ausbildungsstand der Prüfer und der einwandfreien Beschaffenheit der Prüfeinrichtungen zu überzeugen.

Die Prüfaufsicht soll von der Fertigung unabhängig sein und wird vom Hersteller benannt.

Die Prüfaufsicht bestimmt das anzuwendende Prüfverfahren und die Einzelheiten der Prüfdurchführung entsprechend AD 2000-Merkblatt HP 5/3 – gegebenenfalls nach Abstimmung mit dem Besteller – und setzt die Prüfer ein.

Die Prüfaufsicht unterzeichnet den nach AD 2000-Merkblatt HP 5/3 anzufertigenden Prüfbericht.

3.4 Qualifizierung von Schweißverfahren

3.4.1 Schweißanweisungen

Der Aufbau und Inhalt von Schweißanweisungen ist in der Normenreihe DIN EN ISO 15609: „Anforderungen und Qualifizierung von Schweißverfahren für metallische Werkstoffe – Schweißanweisung" enthalten. Derzeitig gibt es folgende Teile in dieser Normenreihe:

- Teil 1: Lichtbogenschweißen
- Teil 2: Gasschweißen
- Teil 3: Elektronenstrahlschweißen
- Teil 4: Laserstrahlschweißen
- Teil 5: Widerstandsschweißen
- Teil 6: Laserstrahl-Lichtbogen-Hybridschweißen

Die Normenreihe DIN EN ISO 3834 verlangt in den Teilen 2 und 3 Schweißanweisungen, während in Teil 4 keine speziellen Anforderungen hinsichtlich Schweißanweisungen enthalten sind. In den europäischen – aber auch in den nationalen – Anwendungsregelwerken, z. B. in DIN EN 1090-2:2018-09 und DIN EN 1090-3:2019-07 „Ausführung von Stahltragwerken und Aluminiumtragwerken – Teil 2: Technische Anforderungen an Stahltragwerke – Teil 3: Technische Anforderungen an Aluminiumtragwerke", DIN EN 15085-4:2008-01 „Bahnanwendungen – Schweißen von Schienenfahrzeugen und -fahrzeugteilen – Teil 4: Herstellungsanforderungen" wird das Arbeiten nach Schweißanweisungen verlangt.

Während die Schweißanweisung in vielen Ländern schon immer verlangt wurde, war sie in Deutschland mit Ausnahme der Kerntechnik in den Anwendungsregelwerken in der Zeit vor der europäischen Normung meist nicht gefordert. Dies hatte vor allem mit den unterschiedlichen Philosophien zur Erzielung der geforderten Qualität beim Schweißen zu tun. In Deutschland wurde seit Einzug der Schweißtechnik in die Fertigung der gut ausgebildete und geprüfte Schweißer und die Schweißaufsichtsperson gefordert, während dies in den meisten anderen (westlichen) Ländern die Ausnahme war.

Nach den Festlegungen der DIN EN ISO 15607:2020-02 „Anforderungen und Qualifizierung von Schweißverfahren für metallische Werkstoffe – Allgemeine Regeln" muss die Schweißanweisung (**W**elding **P**rocedure **S**pecification – **WPS**) in dokumentierter Form (schriftlich oder elektronisch) vorliegen. Bild 3.4 zeigt das Muster einer Schweißanweisung (WPS) für den Schweißprozess 111.

Die WPS muss am Arbeitsplatz des Schweißers vorhanden sein, damit er sich über die erforderlichen Schweißparameter und sonstigen Anforderungen informieren kann. Eine WPS kann jeweils für einen bestimmten festgelegten Dickenbereich gelten. Es ist auch möglich, darüber hinaus noch detailliertere Arbeitsanweisungen für jede Werkstückdicke eines Bauteils zu erstellen oder weitere Schweißfolgepläne. Dies ist jedoch bei den Schweißprozessen, die z. B. im Stahlbau, Schienenfahrzeugbau oder Schiffbau üblich sind, in der Regel nicht erforderlich.

DIN EN 1090-2:2018-09 sagt zum Thema Schweißanweisungen in Abschnitt 7.4.1 Qualifizierung des Schweißverfahrens: „Schweißen muss mit qualifizierten Verfahren durchgeführt werden, für die je nach Anwendungsfall eine Schweißanweisung (WPS, en: **W**elding **P**rocedure **S**pecification) entsprechend dem maßgeblichen Teil der Normenreihe EN ISO 15609, EN ISO 14555, EN ISO 15620 oder der Normenreihe EN ISO 17660 vorliegen muss.

Sofern festgelegt, müssen besondere Schweißlagebedingungen für Heftnähte in der WPS enthalten sein. Bei Anschlüssen in Hohlprofilfachwerken sind die Nahtanfangs- und Nahtendbereiche und das anzuwendende Verfahren festzulegen, mit denen die Positionen eingehalten werden können, an denen die Schweißung um den Anschluss herum von einer Kehlnaht zu einer Stumpfnaht übergeht."

Für weitere Verfahren wird in DIN EN 1090-2:2019-09 auf Tabelle 13 „Qualifizierung des Schweißverfahrens für die Prozesse 21, 22, 23, 24, 42, 52, 783, 784 und 786 verwiesen, hier Tabelle 3.9: Erforderliche Schweißanweisung und Qualifizierung des Schweißverfahrens für die Prozesse 21, 22, 23, 24, 42, 52, 783, 784 und 786 (Tabelle 13 aus DIN EN 1090-2:2018-09) Tabelle 3.9.

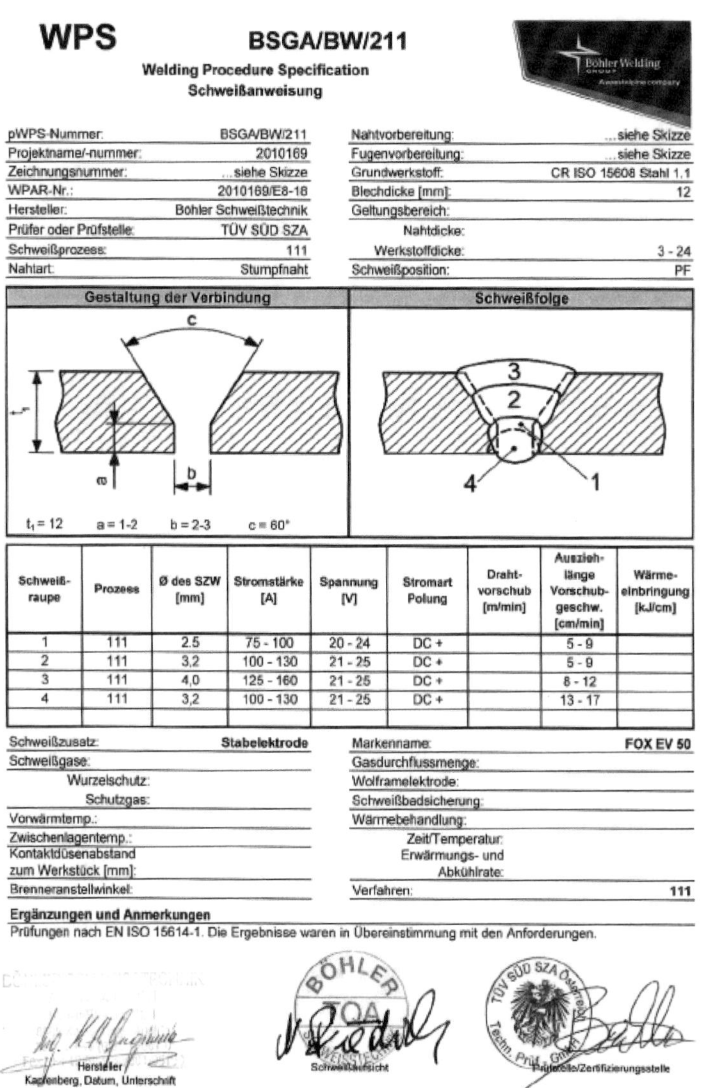

WPS **BSGA/BW/211**

Welding Procedure Specification

Schweißanweisung

pWPS-Nummer:	BSGA/BW/211	Nahtvorbereitung:	...siehe Skizze
Projektname/-nummer:	2010169	Fugenvorbereitung:	...siehe Skizze
Zeichnungsnummer:	...siehe Skizze	Grundwerkstoff:	CR ISO 15608 Stahl 1.1
WPAR-Nr.:	2010169/E8-18	Blechdicke [mm]:	12
Hersteller:	Böhler Schweißtechnik	Geltungsbereich:	
Prüfer oder Prüfstelle:	TÜV SÜD SZA	Nahtdicke:	
Schweißprozess:	111	Werkstoffdicke:	3 - 24
Nahtart:	Stumpfnaht	Schweißposition:	PF

Gestaltung der Verbindung	Schweißfolge
t_1 = 12 a = 1-2 b = 2-3 c = 60°	

Schweiß-raupe	Prozess	Ø des SZW [mm]	Stromstärke [A]	Spannung [V]	Stromart Polung	Draht-vorschub [m/min]	Ausziehlänge Vorschub-geschw. [cm/min]	Wärme-einbringung [kJ/cm]
1	111	2,5	75 - 100	20 - 24	DC +		5 - 9	
2	111	3,2	100 - 130	21 - 25	DC +		5 - 9	
3	111	4,0	125 - 160	21 - 25	DC +		8 - 12	
4	111	3,2	100 - 130	21 - 25	DC +		13 - 17	

Schweißzusatz:	**Stabelektrode**	Markenname:	**FOX EV 50**
Schweißgase:		Gasdurchflussmenge:	
Wurzelschutz:		Wolframelektrode:	
Schutzgas:		Schweißbadsicherung:	
Vorwärmtemp.:		Wärmebehandlung:	
Zwischenlagentemp.:		Zeit/Temperatur:	
Kontaktdüsenabstand zum Werkstück [mm]:		Erwärmungs- und Abkühlrate:	
Brenneranstellwinkel:		Verfahren:	**111**

Ergänzungen und Anmerkungen

Prüfungen nach EN ISO 15614-1. Die Ergebnisse waren in Übereinstimmung mit den Anforderungen.

Hersteller, Kapfenberg, Datum, Unterschrift — Schweißaufsicht — Prüfstelle/Zertifizierungsstelle

Bild 3.4: Muster einer Schweißanweisung (WPS) für den Schweißprozess 111

	Schweißanweisung (WPS)			**Geltende Vorschriften: DIN EN ISO 15609**	
WPS-Nr:	**135 P BW FM1 S s12 PA ss nb**				
Auftrag:	Treppenanlage Haus 7				
Bauteil:	Wange zu o.g. Treppe		*Nahtvorbereitung:*	Brennschnitt / geschliffen	
Naht:	Verbindungsnaht zwischen 2 Wangen				
Zeichn.-Nr.:	0815		*Grundwerkstoff 1:*	1.0038	EN 10025-2 S235JR+N W-Gr 1.1
Beleg-Nr.:	4711		*Grundwerkstoff 2:*	1.0038	EN 10025-2 S235JR+N W-Gr 1.1
Hersteller:	Ich AG		*Werkstückdicke [mm]:*	12	
	Traumhausen		*Kehlnahtdicke [mm]:*	entfällt	
Schweißer:			*Außendurchmesser*	entfällt	
			Schweißposition:	PA	Waagerecht / Wannenposition
Schweißprozeß	*135-t*	*MAG teilmechanisiert*	*Ausfugen/Badsich:*	entfällt	
Halbzeug:	P BW	*Blech* Stumpfnaht	*Bewertungsgruppe:*	DIN EN ISO 5817-C	
Einzelheiten der Fugenformvorbereitung:					

Gestaltung der Verbindung

50°
12
2
2

Schweißfolge

Position: **PA**
Decklage
2 Zwischenlage
Wurzellage

Schweiß-raupe	*Prozeß*	*Zusatz-durchm. [mm]*	*Stromstärke [A]*	*Spannung [V]*	*Stromart Polung*	*Draht-vorschub [m/min]*	*Schweiß-geschw.*) [cm/min]*	*Strecken Energie [kJ/cm]*
WL	135-t	1,2	135	18,5	= / +	3,4	22	113,5
ZL1+2	135-t	1,2	240	27,5	= / +	7,5	30	220,0
DL	135-t	1,2	240	27,5	= / +	7,5	30	220,0

Zusatzwerkstoffart:				
Raupe:	*Zusatzwerkstoffbezeichnung / Hersteller:*	*Zusatzwerkstoffbezeichnung / Norm:*	*DB-Zulassungs-Nr.*	*Gültig bis:*
1-4	Drahthersteller	EN ISO 14341-A G 42 4 M21 3Si1	42.132.80	30.06.2024

Sondervorschriften für Trocknung:		*Einzelheiten für das Pulsschweißen:*	
Pendeln (maximale Raupenbreite):			
Einzelheiten Ausfugen/Badsicherung:			
Schutzgas: EN ISO 14175 M21 ArC-18	*Gasmenge:* 12-14 l/min	*Kontaktrohrabstand:*	12 mm
Wurzelschutz: ohne	*Gasmenge:*	*Einzelheiten Plasmaschw.:*	
Wolframelek.:	***Durchmesser:***	*Brenneranstellwinkel:*	neutral
Vorwärmung T_p: Rt °C	*min*	***Verfahren:***	
Zwischenlagentemperatur T_i: °C			
Nachwärmung / Aushärten: °C	*min*		
Erwärmungsrate:			
Abkühlrate:			
			Name, Datum, Unterschrift
			VSAP

Bild 3.5: Muster einer Schweißanweisung (WPS) für den Schweißprozess 135

Tabelle 3.9: Erforderliche Schweißanweisung und Qualifizierung des Schweißverfahrens für die Prozesse 21, 22, 23, 24, 42, 52, 783, 784 und 786 (Tabelle 13 aus DIN EN 1090-2:2018-09)

Schweißprozesse (nach EN ISO 4063)		Schweißanweisung (WPS)	Qualifizierung des Schweißverfahrens
Ordnungs-nummer	Liste der Prozesse		
21 22 23	Widerstandspunktschweißen Rollennahtschweißen Buckelschweißen	EN ISO 15609-5	EN ISO 15614-12
24	Abbrennstumpfschweißen	EN ISO 15609-5	EN ISO 15614-13
42	Reibschweißen	EN ISO 15620	EN ISO 15620
52	Laserstrahlschweißen	EN ISO 15609-4	EN ISO 15614-11
783	Hubzündungs-Bolzenschweißen mit Keramikring oder Schutzgas	EN ISO 14555	EN ISO 14555
784	Kurzzeit-Bolzenschweißen mit Hubzündung		
786	Kondensatorentladungs-Bolzenschweißen mit Spitzenzündung		

3.4.2 Methoden der Qualifizierung einer vorläufigen Schweißanweisungen

Eine vorläufige Schweißanweisung (**p**reliminary **W**elding **P**rocedure **S**pecification – **pWPS**) ist eine Schweißanweisung, von welcher der Benutzer annimmt, dass mit den in ihr enthaltenen schweißtechnischen Angaben die geforderten Anforderungen für die Schweißverbindung erfüllt werden können. Die pWPS muss nach bestimmten Verfahren qualifiziert und zur endgültigen WPS weiterentwickelt werden.

Der Aufbau der Normenreihe DIN EN ISO 15607 bis DIN EN ISO 15614er-Reihe „Anforderungen und Qualifizierung von Schweißverfahren für metallische Werkstoffe“ ist in der Tabelle A.1 „Detailangaben der Normen für die Anforderungen und Qualifizierungen von Schweißverfahren“ des informativen Anhangs A von DIN EN ISO 15607 enthalten. DIN EN ISO 15607:2020-02 ist dabei die „Einleitungsnorm“ und beschreibt in einer Übersicht die möglichen Wege der Qualifizierungen.

Die Philosophie der Normenreihe DIN EN ISO 15607 bis DIN EN ISO 15614er-Reihe für den Qualifizierungsprozess ist in der Tabelle B.1 im Anhang B der DIN EN ISO 15607:2020-02 enthalten, siehe Tabelle 3.10.

Tabelle 3.10: Verschiedene Stufen für die Qualifizierung von Schweißverfahren (Tabelle B.1 aus dem informativen Anhang von DIN EN ISO 15607:2020-02)

Tätigkeit	Ergebnis	Beteiligte Partner
Entwicklung des Verfahrens	pWPS	Hersteller[a]
Qualifizierung durch ein Verfahren	WPQR einschließlich des Gültigkeitsbereiches der entsprechenden Norm für die Qualifizierung	Hersteller[a] und, wenn zutreffend, Prüfer/Prüfstelle[b]
Endgültige Festlegung des Verfahrens	WPS aufgrund dieses WPQR	Hersteller[a]
Freigabe für die Fertigung	Genehmigte WPS oder Arbeitsanweisung	Hersteller

[a] Bei der Qualifizierung einer SWPS kann eine andere Organisation als der Hersteller beteiligt sein.

[b] In bestimmten Fällen kann ein unabhängiger externer Prüfer/eine unabhängige externe Prüfstelle gefordert werden.

DIN EN ISO 15607 kennt fünf Möglichkeiten der Qualifizierung von vorläufigen Schweißanweisungen (pWPS):

- DIN EN ISO 15610, Anforderung und Qualifizierung von Schweißverfahren für metallische Werkstoffe — Qualifizierung aufgrund des Einsatzes von geprüften Schweißzusätzen;
- DIN EN ISO 15611, Anforderung und Qualifizierung von Schweißverfahren für metallische Werkstoffe — Qualifizierung aufgrund von vorliegender schweißtechnischer Erfahrung;
- DIN EN ISO 15612, Anforderung und Qualifizierung von Schweißverfahren für metallische Werkstoffe — Qualifizierung durch Einsatz eines Standardschweißverfahrens;
- DIN EN ISO 15613, Anforderung und Qualifizierung von Schweißverfahren für metallische Werkstoffe — Qualifizierung aufgrund einer vorgezogenen Arbeitsprüfung;
- DIN EN ISO 15614 (alle Teile), Anforderung und Qualifizierung von Schweißverfahren für metallische Werkstoffe — Schweißverfahrensprüfung.

Im informativen Anhang C der DIN EN ISO 15607:2020-02 ist ein Flussdiagramm für die Entwicklung und Qualifizierung einer vorläufigen Schweißanweisung (pWPS) enthalten, in dem die vorgenannten fünf Qualifizierungsmöglichkeiten ebenfalls aufgeführt sind, siehe Bild 3.6.

Die Verfahren der Qualifizierung von Schweißverfahren sind in der Tabelle 1 „Verfahren der Qualifizierung“ von DIN EN ISO 15607:2020-02 beschrieben, nachstehend als Tabelle 3.11 wiedergegeben. Das Anwendungsregelwerk, die Liefervereinbarung oder der Hersteller in seinem Qualitätsmanagementhandbuch schreiben die Verfahren der Qualifizierung vor, wobei der Hersteller immer das kostengünstigste der zulässigen (!) Verfahren der Qualifizierung aussuchen sollte.

Die im Stahlbau möglichen Verfahren der Qualifizierung sind in DIN EN 1090-2:2018-09 „Ausführung von Stahltragwerken und Aluminiumtragwerken – Teil 2: Technische Regeln für die Ausführung von Stahltragwerken“ in Tabelle 12 „Methoden zur Qualifizierung der Schweißverfahren für die Prozesse 111, 114, 12, 13 und 14“ ganz konkret in Abhängigkeit von der jeweiligen Ausführungsklasse (EXC) festgeschrieben; hier wiedergegeben in Tabelle 3.12.

Ähnliche Festlegungen gibt es auch in anderen Anwendungsregelwerken, z. B. den Europäischen Normen EN 13480-4 für Metallische Industrielle Rohrleitungen, EN 13445-4 für Unbefeuerte Behälter oder in EN 15085-4 für Bahnanwendungen – Schweißen von Schienenfahrzeugen und -fahrzeugteilen.

Zu beachten ist neben der Tabelle 12 von DIN EN 1090-2:2018-09 auch noch die Forderungen im Text des dortigen Abschnittes 7.4.1.2 unterhalb der Tabelle 12:

> Wird die Qualifizierung eines Schweißverfahrens für Kehlnähte an Stahlsorten ≥ S460 gefordert, ist ein Zugversuch am Doppel-T-Stoß („Kreuzzugversuch“) nach EN ISO 9018 durchzuführen. Alternativ – und sofern nach den Ausführungsunterlagen zulässig – ist, falls die Kehlnahtdicke bei Stahlsorten ≥ S460 zwecks Kompensation für einen Schweißzusatz mit zu geringer Festigkeit erhöht wird, anstelle einer Prüfung nach EN ISO 9018 ein Zugversuch an einer reinen Schweißmetallprobe durchzuführen und mit der deklarierten Zugfestigkeit des Schweißzusatzes zu vergleichen.
>
> Hinsichtlich des Kreuzzugversuches sind drei Kreuzzugproben zu prüfen. Wenn der Bruch im Grundwerkstoff auftritt, muss mindestens die Nennzugfestigkeit des Grundwerkstoffs erreicht werden. Wenn der Bruch im Schweißgut auftritt, muss die Bruchfestigkeit des vorhandenen Nahtquerschnitts bestimmt werden. Bei Prozessen mit tiefem Einbrand muss der tatsächliche Wurzeleinbrand berücksichtigt werden. Die ermittelte mittlere Bruchfestigkeit muss ≥ 0,8 Rm betragen (mit Rm = Nennzugfestigkeit des verwendeten Grundwerkstoffs).
>
> Bei der ersten Lage einer ein- oder mehrlagigen Kehlnaht mit tiefem Einbrand mithilfe eines vollmechanisierten Prozesses muss eine Schweißverfahrensprüfung nach EN ISO 15614-1 durchgeführt werden, wobei jede

während der Produktion auftretende Kehlnahtdicke zu untersuchen ist. Die Untersuchung muss drei Makroschliffe umfassen, einen vom Anfang, einen von der Mitte und einen vom Ende eines Prüfstücks. Der Mindestwert des tiefen Einbrands ist zu bestimmen, indem die tatsächlichen Werte in den Makroschliffen gemessen werden.

Wenn auf Fertigungsbeschichtungen (Shop Primern) geschweißt wird, müssen Verfahrensprüfungen mit der maximal zulässigen Beschichtungsdicke (Nenndicke + Toleranz) durchgeführt werden. Bei Fertigungsbeschichtungen (Shop Primern) muss die Schweißeignung nach EN ISO 17652-1 bis EN ISO 17652-4 nachgewiesen werden. ...

Für andere anzuwendende Prozesse wie Widerstandsschweißen, Abbrennstumpfschweißen, Reibschweißen, Bolzenschweißprozesse gilt für die Ausführung von Stahltragwerken nach DIN EN 1090-2:2018-09 die dort abgedruckte Tabelle 13, hier als Tabelle 3.13 abgedruckt.

Über die Qualifizierung eines Schweißverfahrens muss ein Bericht erstellt werden, ein „**W**elding **P**rocedure **Q**ualification **R**eport" – **WPQR**. So schreibt DIN EN ISO 15614-1:2020-05 „Anforderung und Qualifizierung von Schweißverfahren für metallische Werkstoffe – Schweißverfahrensprüfung – Teil 1: Lichtbogen- und Gasschweißen von Stählen und Lichtbogenschweißen von Nickel und Nickellegierungen" in Abschnitt 9 „Bericht über die Qualifizierung des Schweißverfahrens (WPQR)":

Der Bericht über die Qualifizierung des Schweißverfahrens (WPQR) ist ein Bericht über die Beurteilungsergebnisse für jedes Prüfstück einschließlich der Ersatzprüfungen. Die entsprechenden Einzelheiten, die in der WPS nach dem entsprechenden Teil der ISO 15609 aufgeführt sind, müssen zusammen mit den Einzelheiten jener Merkmale, die infolge der Anforderungen nach Abschnitt 7 verworfen wurden, enthalten sein. Falls keine zu verwerfenden Merkmale oder kein unannehmbares Prüfungsergebnis gefunden werden, ist ein WPQR, der die Ergebnisse der Schweißverfahrensprüfung am Prüfstück enthält, qualifiziert und muss vom Prüfer oder von der Prüfstelle unterzeichnet und datiert werden.

Eine Qualifizierung ist zeitlich unbegrenzt in dem qualifizierten Bereich gültig, sofern z. B. über Produktnormen (Anwendungsregelwerken oder Kundenspezifikationen) nichts anderes festgelegt ist.

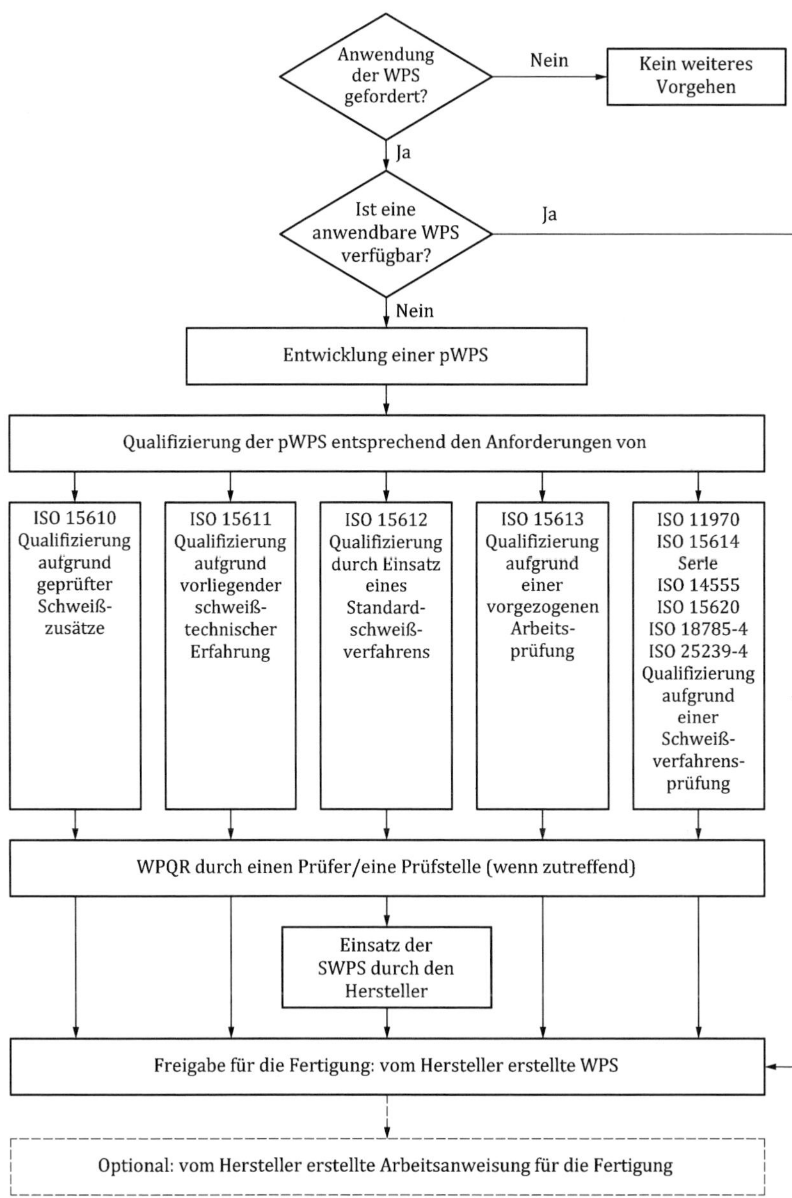

Bild 3.6: Flussdiagramm für die Entwicklung und Qualifizierung einer pWPS (Anhang C aus DIN EN ISO 15607:2020-02)

Tabelle 3.11: Verfahren der Qualifizierung von Schweißverfahren (Tabelle 1 aus DIN EN ISO 15607:2020-02)

Verfahren beruht auf	Anwendung
Schweißverfahrensprüfung (siehe 5.2)	Kann immer angewendet werden, es sei denn, die Verfahrensprüfung berücksichtigt nicht ausreichend die Nahtgeometrie, Einspannung bzw. Zugänglichkeit zur eigentlichen Schweißnaht.
Geprüfte Schweißzusätze (siehe 5.3)	Anwendung ist beschränkt auf die Schweißverfahren, bei denen Schweißzusätze verwendet werden. Die Prüfung der Schweißzusätze muss den Grundwerkstoff, der in der Fertigung verwendet wird, abdecken. Weitere Einschränkungen in Bezug auf Werkstoff und andere Parameter sind in ISO 15610 festgelegt.
Vorliegende schweißtechnische Erfahrung (siehe 5.4)	Die Anwendung ist auf die Verfahren beschränkt, die früher bei einer großen Anzahl von Schweißungen an vergleichbaren Teilen, Verbindungen und Werkstoffen angewandt wurden. Anforderungen sind in ISO 15611 festgelegt.
Standardschweißverfahren (siehe 5.5)	Ähnlich der Schweißverfahrensprüfung, jedoch in Übereinstimmung mit den in ISO 15612 festgelegten Einschränkungen.
Vorgezogene Arbeitsprüfung (siehe 5.6)	Kann prinzipiell immer angewendet werden, erfordert jedoch die Herstellung eines Prüfstücks unter Fertigungsbedingungen. Geeignet bei Massenproduktion. Anforderungen sind in ISO 15613 festgelegt.
ANMERKUNG Für die Auswahl eines bestimmten Verfahrens, siehe Anhang A und Anhang B.	

Tabelle 3.12: Methoden zur Qualifizierung der Schweißverfahren für die Prozesse 111, 114, 12, 13 und 14 (Tabelle 12 aus DIN EN 1090-2:2018-09)

Methoden zur Qualifizierung		EXC2	EXC3 EXC4
Schweißverfahrensprüfung	EN ISO 15614-1[a] EN ISO 17660-1/ EN ISO 17660-2[b]	X	X
Vorgezogene Arbeitsprüfung	EN ISO 15613 EN ISO 17660-1/ EN ISO 17660-2[b]	X	X
Standardschweißverfahren	EN ISO 15612	X	X[c]
Vorliegende schweißtechnische Erfahrung	EN ISO 15611	X	—
Einsatz von geprüften Schweißzusätzen	EN ISO 15610		

X zulässig
— nicht zulässig

[a] Die Qualifizierung der Schweißverfahren nach EN ISO 15614-1:2017 muss der Stufe 2 entsprechen.
[b] Nur bei Verbindungen zwischen Betonstahl und anderen Stahlbauteilen zu verwenden.
[c] Sofern nach den Ausführungsunterlagen zulässig.

Tabelle 3.13: Qualifizierung des Schweißverfahrens für die Prozesse 21, 22, 23, 24, 42, 52, 783, 784 und 786 (Tabelle 13 aus DIN EN 1090-2:2018-09)

Schweißprozesse (nach EN ISO 4063)		Schweißanweisung (WPS)	Qualifizierung des Schweißverfahrens
Ordnungsnummer	Liste der Prozesse		
21 22 23	Widerstandspunktschweißen Rollennahtschweißen Buckelschweißen	EN ISO 15609-5	EN ISO 15614-12
24	Abbrennstumpfschweißen	EN ISO 15609-5	EN ISO 15614-13
42	Reibschweißen	EN ISO 15620	EN ISO 15620
52	Laserstrahlschweißen	EN ISO 15609-4	EN ISO 15614-11
783	Hubzündungs-Bolzenschweißen mit Keramikring oder Schutzgas	EN ISO 14555	EN ISO 14555
784	Kurzzeit-Bolzenschweißen mit Hubzündung		
786	Kondensatorentladungs-Bolzenschweißen mit Spitzenzündung		

3.5 Überwachung und Prüfung vor, während und nach dem Schweißen

DIN EN ISO 3834-2:2021-01 und DIN EN ISO 3834-3:2021-01 fordern die Überwachung und Prüfung vor, während und nach dem Schweißen. DIN EN ISO 3834-4:2021-08 verlangt lediglich: „Der Hersteller muss alle festgelegten Überwachungen und Prüfungen durchführen." Das bedeutet bei elementaren Qualitätsanforderungen, dass der Hersteller nur die Überwachungsmaßnahmen und Prüfungen, die durch das Anwendungsregelwerk, durch die Liefervereinbarung (Spezifikation) oder durch sein Qualitätsmanagementhandbuch gefordert werden.

Die Teile 2 und 3 von DIN EN ISO 3834:2021-01 stellen die gleichen Anforderungen hinsichtlich der Überwachung und Prüfung vor, während und nach dem Schweißen. „Zutreffende Überwachungen und Prüfungen müssen zu geeigneten Zeitpunkten während des Herstellungsprozesses durchgeführt werden, um die Übereinstimmung mit den Vertragsbedingungen sicherzustellen. Lage und Häufigkeit derartiger Überwachungen und/oder Prüfungen hängen vom Vertrag und/oder von der Produktnorm, vom Schweißprozess und von der Art der Konstruktion ab.

Der Hersteller darf ohne Einschränkung zusätzliche Prüfungen durchführen. Eine Berichterstellung über derartige Prüfungen ist nicht gefordert."

Vor dem Schweißen werden die erforderlichen Dokumente (Schweißanweisung, Prüfungsbescheinigungen der Schweißer und Bediener, Werkstoffnachweise) auf Vollständigkeit, Gültigkeit und Eignung überprüft. Außerdem werden die Arbeitsbedingungen – einschließlich Umweltbedingungen – auf Eignung überprüft. Die Kennzeichnung der Grundwerkstoffe und Schweißzusätze werden auf Vollständigkeit und Richtigkeit überprüft. Die Nahtvorbereitung und die vorgesehenen Bedingungen für den Zusammenbau (Heften, Spannen und/oder der Einsatz von Vorrichtungen) werden auf Übereinstimmung mit den Vorgaben der Schweißanweisung überprüft.

Während des Schweißens werden die verwendeten Vorwärm- und Zwischenlagentemperaturen, die Schweißparameter (Spannung, Stromstärke, ggf. Drahtfördergeschwindigkeit, Schweißgeschwindigkeit, verwendete Schutz- und Formiergase und deren Mengen), die Handhabung und Kennzeichnung der Schweißzusätze, das Reinigen der Raupen, die Form der Raupen/Lagen, der Nahtaufbau und das Ausarbeiten/Anschleifen der Wurzel (sofern vorgeschrieben) auf Übereinstimmung mit den Vorgaben der Schweißanweisung überprüft. Die Schweißfolge – sofern ein Schweißfolgeplan eingehalten werden muss – und die Kontrolle des Verzuges werden kontrolliert. Sofern Arbeitsprüfungen vorgesehen sind, müssen die Prüfstücke entweder in der Verlängerung der Schweißnähte (in der Regel bei Bauteilen aus Blechen oder Profilstählen) oder parallel zur Bauteilnaht (in der Regel bei Rohrrundnähten oder bei Nähten, bei denen keine Arbeitsprobe in Verlängerung der Bauteilnaht möglich ist) während der Fertigung der Bauteile geschweißt werden. Diese Arbeitsproben müssen von dem Schweißer oder Bediener geschweißt werden, der auch die Bauteilnaht schweißt. Vorgesehene Zwischenprüfungen von Schweißnähten bei dickwandigen Bauteilen, bei denen z. B. eine Endprüfung mit Durchstrahlung (RT) nicht möglich ist, oder von Schweißnähten, die später nicht mehr zugänglich sind, werden durchgeführt.

Nach dem Schweißen werden alle geforderten zerstörungsfreien und zerstörenden (an Arbeitsproben) Prüfungen durchgeführt. Eine Sichtprüfung sollte zunächst von dem ausführenden Schweißer durchgeführt werden (Werkerselbstprüfung). Ist der Schweißer für die Durchführung von Sichtprüfungen (VT) qualifiziert oder zertifiziert, kann diese Sichtprüfung auch als Endprüfung gelten. Die Form, Gestalt, Maße und Vollständigkeit der Schweißnähte und der Bauteile sind zu überprüfen. Sind weitere Behandlungen nach dem Schweißen gefordert, z. B. Wärmenachbehandlung, sind diese durchzuführen und zu dokumentieren.

3.6 Bewertungsgruppen geschweißter Bauteile

Die geforderte Qualität einer Schweißnaht wird durch die Angabe einer Bewertungsgruppe auf der Ausführungszeichnung oder in den Fertigungsunterlagen, wie z. B. in der Schweißanweisung (WPS) angegeben. Die Normenreihe DIN EN ISO 3834 enthält hierzu keine Aussagen. Diese werden durch das Anwendungsregelwerk, die Liefervereinbarung (Spezifikation) oder durch ein mögliches Qualitätsmanagementhandbuch des Herstellers vorgegeben. Derzeitig gibt es folgende Normen für Bewertungsgruppen:

DIN EN ISO 5817:2014-06, Schweißen – Schmelzschweißverbindungen an Stahl, Nickel, Titan und deren Legierungen (ohne Strahlschweißen) – Bewertungsgruppen von Unregelmäßigkeiten

DIN EN ISO 10042:2019-01, Schweißen – Schmelzschweißverbindungen an Aluminium und seinen Legierungen – Bewertungsgruppen von Unregelmäßigkeiten

DIN EN ISO 13919-1:2020-03, Schweißen – Elektronen und Laserstrahl – Schweißverbindungen – Leitfaden für Bewertungsgruppen und Unregelmäßigkeiten – Teil 1: Stahl

DIN EN ISO 13919-2:2021-06, Schweißen – Elektronen und Laserstrahl – Schweißverbindungen – Leitfaden für Bewertungsgruppen und Unregelmäßigkeiten – Teil 2: Aluminium und seine schweißgeeigneten Legierungen

DIN EN ISO 12932:2013-10, Schweißen – Laserstrahl-Lichtbogen-Hybridschweißen von Stählen, Nickel und Nickellegierungen – Bewertungsgruppen für Unregelmäßigkeiten

Nach den Normen DIN EN ISO 5817:2014-06, DIN EN ISO 10042: 2019-01, DIN EN ISO 13919-1:2021-03, DIN EN ISO 13919-2:2021-06 und DIN EN ISO 12932:2013-10 gibt es drei Bewertungsgruppen für Unregelmäßigkeiten (siehe Tabelle 3.14: Bewertungsgruppen für Unregelmäßigkeiten nach DIN EN ISO 5817:2014-06, DIN EN ISO 10042:2019-01, DIN EN ISO 13919-1:192020-03, DIN EN ISO 13919-2:2021-06 und DIN EN ISO 12932:2013-01 Tabelle 3.14).

Tabelle 3.14: Bewertungsgruppen für Unregelmäßigkeiten nach DIN EN ISO 5817:2014-06, DIN EN ISO 10042:2019-01, DIN EN ISO 13919-1: 2020-03, DIN EN ISO 13919-2:2021-06 und DIN EN ISO 12932:2013-01

Bewertungsgruppe	Anforderungen an die Schweißnaht
D	niedrige
C	hohe
B	höchste

Der Zusammenhang zwischen der Zulässigkeit von Unregelmäßigkeiten und der Qualität (früher mal als Güte bezeichnet) ist in Bild 3.7 wiedergegeben.

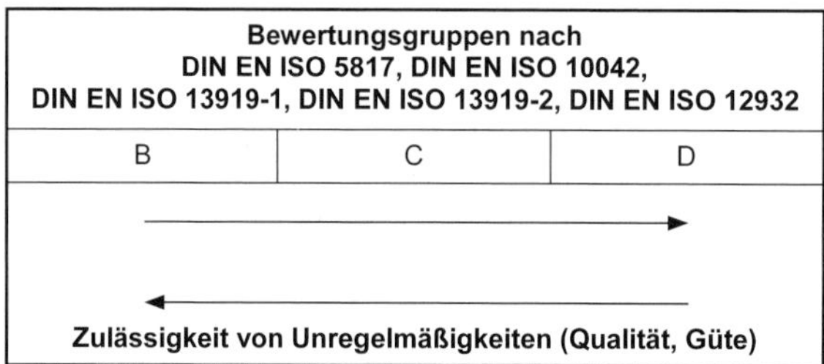

Bild 3.7: Zusammenhang zwischen der Zulässigkeit von Unregelmäßigkeiten hinsichtlich Häufigkeit und Größe und der Güte einer Schweißverbindung

DIN EN ISO 5817:2014-06 kann direkt für die Sichtprüfung von Schweißungen oder Proben benutzt werden. Sie enthält keine Einzelheiten über die zu empfehlenden Verfahren zum Nachweis und zur zerstörungsfreien Prüfung zur Größenbestimmung. Es sollte berücksichtigt werden, dass es Schwierigkeiten in der Anwendung dieser Grenzen gibt, um entsprechende Kriterien, die für zerstörungsfreie Prüfverfahren wie Ultraschall-, Durchstrahlungs-, Wirbelstrom-, Eindring-, Magnetpulverprüfung anwendbar sind, aufzustellen. Deshalb können ergänzende Empfehlungen für Untersuchungen, Überwachung und Prüfung erforderlich sein.

In DIN EN ISO 5817, DIN EN ISO 10042, DIN EN ISO 13919-1, DIN EN ISO 13919-2 und DIN EN ISO 12932 werden Unregelmäßigkeiten beschrieben, die bei normaler Fertigung auftreten können. Sofern aus Gründen der Beanspruchung des Bauteils eine noch höhere Güte als Bewertungsgruppe B erforderlich ist, muss der Konstrukteur dies auf der Zeichnung angeben. Das bedeutet in der Regel, dass Nacharbeiten nach dem Schweißen (z. B. Schleifen oder maschinelle Bearbeitung) nötig werden, um beispielsweise die Nahtüberhöhung zu verringern oder sogar einzuebnen. Diese Zusatzsymbole sind in DIN EN ISO 2553:2019-12 „Schweißen und verwandte Prozesse – Symbolische Darstellung in Zeichnungen – Schweißverbindungen“ in Tabelle 3 – Zusatzsymbole – zu finden.

Bei sehr geringer Beanspruchung ist es auch sinnvoll, größere Unregelmäßigkeiten zu akzeptieren als solche, die in Bewertungsgruppe D zugelassen sind. Nachstehend werden Einzelheiten von DIN EN ISO 5817:2014-06 besprochen. Sinngemäß gelten die Ausführungen aber auch für die anderen genannten Normen.

In der DIN EN ISO 5817:2014-06 sind die Definitionen mit denen von DIN EN 10042:2019-01 identisch. Nachstehend sind die vier gebräuchlichsten und notwendigen Definitionen wiedergegeben:

kurze Unregelmäßigkeit

‹bei Schweißnähten, die 100 mm oder länger sind› Unregelmäßigkeit, die in einem Abschnitt von 100 mm, der die meisten Unregelmäßigkeiten beinhaltet, die Gesamtlänge der Unregelmäßigkeiten 25 mm nicht überschreitet

kurze Unregelmäßigkeit

‹bei Schweißnähten, die kürzer als 100 mm sind› Unregelmäßigkeit, deren Gesamtlänge der Unregelmäßigkeit 25 % der Länge der Schweißnaht nicht überschreitet

systematische Unregelmäßigkeit

Unregelmäßigkeiten, die sich in regelmäßigen Abständen in der Schweißnaht über die untersuchte Schweißnahtlänge wiederholen; dabei liegen die Abmessungen der einzelnen Unregelmäßigkeiten innerhalb der Zulässigkeitsgrenzen

projizierte Fläche

Fläche, auf der die über das Volumen der betrachteten Schweißnaht verteilten Unregelmäßigkeiten zweidimensional abgebildet werden

Anmerkung 1 zum Begriff: Im Gegensatz zu der Querschnittsfläche ist bei der radiografischen Abbildung das Auftreten von Unregelmäßigkeiten abhängig von der Dicke der Schweißnaht (siehe Bild 1).

siehe Bild 3.8 [Bild 1 aus DIN EN ISO 5817:2014-06 und von DIN EN ISO 10042: 2019-01]).

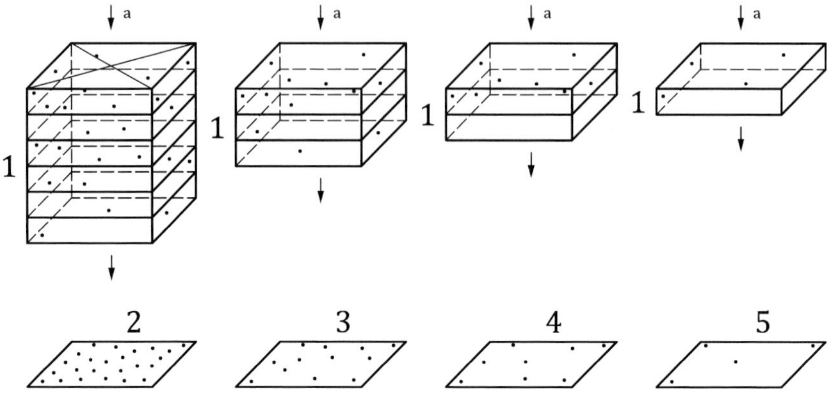

Legende

1 4 Poren pro Einheit
2 6-fache Dicke
3 3-fache Dicke
4 2-fache Dicke
5 1-fache Dicke
a Röntgenstrahlrichtung

Bild 3.8: Durchstrahlungsaufnahmen von Proben mit identischer Porenhäufigkeit je Volumeneinheit (Bild 1 von DIN EN ISO 5817:2014-06 und DIN EN ISO 10042:2019-01)

Querschnittsfläche:

Zu betrachtende Bruchfläche oder Schliffebene.

Bei der Ausführung einer Schweißnaht ist das Einhalten der Anforderungen für die äußeren Unregelmäßigkeiten, z. B.:

- zu große Nahtüberhöhung Stumpfnaht, Merkmal 502;
- zu große Nahtüberhöhung Kehlnaht, Merkmal 503;
- zu große Kehlnaht, Merkmal 5214;
- zu große Wurzelüberhöhung Stumpfnaht, Merkmal 504;
- schroffer Nahtübergang, Merkmal 505 (in DIN EN ISO 10042 nicht enthalten).

in der Bewertungsgruppe B ein besonderes Problem, da in bestimmten Schweißpositionen in Abhängigkeit vom verwendeten Schweißzusatz die Forderungen dieser Bewertungsgruppe ohne Nacharbeiten nicht erfüllt werden können.

Dies hat in der DIN EN ISO 9606-1:2017-12, DIN EN ISO 9606-2:2005-03 sowie in der DIN EN ISO 15614-1:2020-05 bzw. DIN EN ISO 15614-2:2005-07 dazu geführt, dass für gewisse Merkmale die Bewertungsgruppe C gilt, während für alle übrigen Merkmale die Bewertungsgruppe B einzuhalten ist. Daher sind nicht alle Unregelmäßigkeiten pauschal nach einer Bewertungsgruppe zu beurteilen, sondern je nach Anwendungsregelwerk ist zu schauen, welche Unregelmäßigkeit nach welcher Bewertungsgruppe zu beurteilen ist.

Der Konstrukteur hat, in Abhängigkeit von der Beanspruchung, der Ausnutzung der zulässigen Berechnungsspannung sowie von den Vorgaben des Anwendungsregelwerkes, die Bewertungsgruppe auszuwählen und auf den Zeichnungen oder anderen Fertigungsunterlagen (z. B. in der WPS oder in einem Fertigungs- und Prüfplan) anzugeben. Dabei ist es zulässig, eine Bewertungsgruppe für ein gesamtes Bauvorhaben, für ein Bauteil oder nur für eine Schweißnaht festzulegen. Es ist auch zulässig, dass an einer Schweißnaht oder einem Bauteil von einem Bauvorhaben für bestimmte Unregelmäßigkeiten verschärfende oder auch großzügigere Bewertungsgruppen festgelegt werden.

> Beispiel
>
> Der Konstrukteur entscheidet sich für die Bewertungsgruppe C. Diese lässt jedoch bei dem Merkmal 402 „ungenügende Durchschweißung“ kurze Unregelmäßigkeiten zu. Deshalb legt er fest:
>
> „Bewertungsgruppe C – ausgenommen Merkmal 402, ungenügende Durchschweißung, B“.
>
> Bei nicht vorwiegend ruhend beanspruchten Bauteilen, bei denen der Betriebsfestigkeitsnachweis für die Bemessung ausschlaggebend ist, sollte der Konstrukteur die Bewertungsgruppe B, gegebenenfalls mit Zusatzanforderungen, festlegen.

Während DIN EN 25817:1992-09 nur für einen Werkstückdickenbereich von 3 bis 63 mm galt, weisen DIN EN ISO 5817:2014-06 und DIN EN ISO 10042:2019-01 diese Grenzen nicht mehr aus. Sie gelten für Werkstückdicken > 0,5 mm. Tabelle 3.15 bis Tabelle 3.17 enthalten Auszüge aus Tabelle 1 der DIN EN ISO 5817:2014-06.

Tabelle 3.15: Grenzwerte für Oberflächenunregelmäßigkeiten (Auszüge aus Tabelle 1 von DIN EN ISO 5817:2014-06)

Nr.	Ordnungs-Nr. nach ISO 6520-1	Unregelmäßigkeit Benennung	Bemerkungen	t mm	Grenzwerte für Unregelmäßigkeiten bei Bewertungsgruppen D	C	B
1 Oberflächenunregelmäßigkeiten							
1.1	100	Riss	—	≥ 0,5	Nicht zulässig	Nicht zulässig	Nicht zulässig
1.2	104	Endkraterriss	—	≥ 0,5	Nicht zulässig	Nicht zulässig	Nicht zulässig
1.3	2017	Oberflächenpore	Größtmaß einer Einzelpore für — Stumpfnähte — Kehlnähte	0,5 bis 3	$d \leq 0,3\ s$ $d \leq 0,3\ a$	Nicht zulässig	Nicht zulässig
			Größtmaß einer Einzelpore für — Stumpfnähte — Kehlnähte	> 3	$d \leq 0,3\ s$, aber max. 3 mm $d \leq 0,3\ a$, aber max. 3 mm	$d \leq 0,2\ s$, aber max. 2 mm $d \leq 0,2\ a$, aber max. 2 mm	Nicht zulässig
1.4	2025	Offener Endkraterlunker	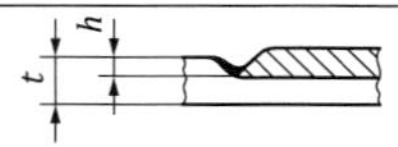	0,5 bis 3	$h \leq 0,2\ t$	Nicht zulässig	Nicht zulässig
				> 3	$h \leq 0,2\ t$, aber max. 2 mm	$h \leq 0,1\ t$, aber max. 1 mm	Nicht zulässig
1.5	401	Bindefehler (unvollständige Bindung)	—	≥ 0,5	Nicht zulässig	Nicht zulässig	Nicht zulässig
		Mikro-Bindefehler	Nur nachzuweisen anhand einer mikroskopischen Untersuchung.		Zulässig	Zulässig	Nicht zulässig
1.6	4021	Ungenügender Wurzeleinbrand	Nur für einseitig geschweißte Stumpfnähte. 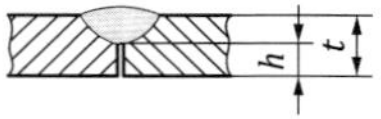	≥ 0,5	Kurze Unregelmäßigkeit: $h \leq 0,2\ t$, aber max. 2 mm	Nicht zulässig	Nicht zulässig

Tabelle 3.16: Grenzwerte für innere Unregelmäßigkeiten (Auszüge aus Tabelle 1 von DIN EN ISO 5817:2014-06)

Nr.	Ordnungs-Nr. nach ISO 6520-1	Unregelmäßigkeit Benennung	Bemerkungen	t mm	Grenzwerte für Unregelmäßigkeiten bei Bewertungsgruppen D	C	B
2.6	2015 2016	Gaskanal Schlauchpore	— Stumpfnähte	≥ 0,5	$h \leq 0{,}4\,s$, aber max. 4 mm $l \leq s$, aber max. 75 mm	$h \leq 0{,}3\,s$, aber max. 3 mm $l \leq s$, aber max. 50 mm	$h \leq 0{,}2\,s$, aber max. 2 mm $l \leq s$, aber max. 25 mm
			— Kehlnähte	≥ 0,5	$h \leq 0{,}4\,a$, aber max. 4 mm $l \leq a$, aber max. 75 mm	$h \leq 0{,}3\,a$, aber max. 3 mm $l \leq a$, aber max. 50 mm	$h \leq 0{,}2\,a$, aber max. 2 mm $l \leq a$, aber max. 25 mm
2.7	202	Lunker	—	≥ 0,5	Kurze Unregelmäßigkeit zulässig, aber nicht bis zur Oberfläche: — Stumpfnähte: $h \leq 0{,}4\,s$, aber max. 4 mm — Kehlnähte: $h \leq 0{,}4\,a$, aber max. 4 mm	Nicht zulässig	Nicht zulässig
2.8	2024	Endkraterlunker	Das größere der Maße h oder l wird gemessen.	0,5 bis 3 > 3	h oder $l \leq 0{,}2\,t$ h oder $l \leq 0{,}2\,t$, aber max. 2 mm	Nicht zulässig	Nicht zulässig
2.9	300 301	Fester Einschluss Schlackeneinschluss Flussmitteleinschlus	— Stumpfnähte	≥ 0,5	$h \leq 0{,}4\,s$, aber max. 4 mm $l \leq s$, aber max. 75 mm	$h \leq 0{,}3\,s$, aber max. 3 mm $l \leq s$, aber max. 50 mm	$h \leq 0{,}2\,s$, aber max. 2 mm $l \leq s$, aber max. 25 mm

Tabelle 3.17: Grenzwerte für Unregelmäßigkeiten in der Nahtgeometrie (Auszüge aus Tabelle 1 von DIN EN ISO 5817:2014-06)

Nr.	Ordnungs-Nr. nach ISO 6520-1	Unregelmäßigkeit Benennung	Bemerkungen	t mm	Grenzwerte für Unregelmäßigkeiten bei Bewertungsgruppen		
					D	C	B
3 Unregelmäßigkeiten in der Nahtgeometrie							
3.1	507	Kantenversatz	Die Grenzwerte für die Abweichungen beziehen sich auf die einwandfreie Lage. Wenn nicht anderweitig vorgeschrieben, ist die einwandfreie Lage gegeben, wenn die Mittellinien übereinstimmen (siehe auch Abschnitt 1). t bezieht sich auf die geringere Dicke.	—	—	—	—
	5071	Kantenversatz bei Blechen	Bleche mit Längsschweißungen	0,5 bis 3	$h \leq$ 0,2 mm + 0,25 t	$h \leq$ 0,2 mm + 0,15 t	$h \leq$ 0,2 mm + 0,1 t
				> 3	$h \leq$ 0,25 t, aber max. 5 mm	$h \leq$ 0,15 t, aber max. 4 mm	$h \leq$ 0,1 t, aber max. 3 mm
	5072	Kantenversatz bei Rohren und Hohlprofilen	Umfangsschweißungen	≥ 0,5	$h \leq$ 0,5 t, aber max. 4 mm	$h \leq$ 0,5 t, aber max. 3 mm	$h \leq$ 0,5 t, aber max. 2 mm

Bild 3.9 zeigt die Angabe einer Bewertungsgruppe für eine Stumpfnaht in Vorderansicht und Draufsicht in der symbolischen Darstellung nach DIN EN ISO 2553: 2019-12.

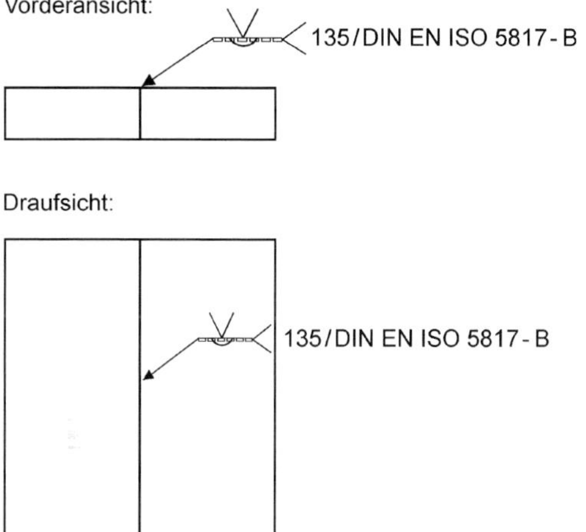

Bild 3.9: Angabe der Bewertungsgruppe einer Stumpfnaht in der Zeichnung

3.7 Toleranzen geschweißter Bauteile

Ein geschweißtes Bauteil, das nicht maschinell nachgearbeitet worden ist, kommt nicht ohne eine zulässige Toleranz bei den Abmessungen (verursacht durch Längs- und Querschrumpfungen), bei den Winkelmaßen (verursacht durch die Winkelschrumpfung) und bei Form und Lage aus. Die zulässigen Toleranzwerte einer Schweißnaht werden durch die Angabe einer Toleranz in expliziten Zahlenmaßen oder durch Angabe einer Toleranzklasse nach DIN EN ISO 13920:1996-11 „Schweißen – Allgemeintoleranzen für Schweißkonstruktionen – Längen- und Winkelmaße, Form und Lage" auf der Ausführungszeichnung oder in den Fertigungsunterlagen, wie z. B. im Schweißplan, ausgedrückt. Die Reihe DIN EN ISO 3834 enthält hierzu – wie auch bei den Bewertungsgruppen – keine Aussagen. Diese werden durch das Anwendungsregelwerk, die Liefervereinbarung (Spezifikation) oder möglicherweise durch ein herstellereigenes Qualitätsmanagementhandbuch vorgegeben.

In Produktnormen wie DIN EN 1090-2:2018-09 wird hinsichtlich der einzuhaltenden Toleranzen auf DIN EN 13920 referenziert. In erster Linie gilt aber die DIN EN 1090-2:2018-09 und dort der normative Anhang A für geometrische Toleranzen. In Tabelle B.1 – Herstelltoleranzen – Geschweißte Profile werden zwei Klassen für Toleranzen definiert. Ähnliche Tabellen sind Tabelle B.2 – Herstelltoleranzen – Gekantete Profile, Tabelle B.3 – Herstelltoleranzen – Flansche geschweißter Profile, Tabelle B.4 – Herstelltoleranzen – Flansche geschweißter Kastenprofile, Tabelle B.5 – Herstelltoleranzen – Stegaussteifungen und Kreuzstöße von Profilen oder Kastenprofilen, Tabelle B.6 – Herstelltoleranzen – Bauteile, Tabelle B.7 – Herstelltoleranzen – Ausgesteifte Platten usw. bis B. 14. Zulässige Abweichungen für grundlegende und ergänzende Montagetoleranzen sind in den Tabellen B.15 bis B.25 aufgeführt.

Zu den Toleranzen sagt DIN EN 1090-2:2018-09 in Abschnitt 11.3:

11.3.1 Allgemeines:

„Ergänzende Toleranzen in Form von akzeptierten (zulässigen) geometrischen Abweichungen müssen einer der folgenden zwei Optionen entsprechen:

a) den in 11.3.2 beschriebenen tabellierten Werten, oder

b) den in 11.3.3 beschriebenen alternativen Kriterien.

Wenn keine Option festgelegt ist, sind die tabellierten Werte anzuwenden.

11.3.2 Tabellierte Werte

Tabellierte Werte für ergänzende Toleranzen sind in Anhang B angegeben, im Allgemeinen für zwei Klassen.

Toleranzklasse 1 gilt, es sei denn, die Ausführungsunterlagen legen etwas anderes fest. In diesem Fall müssen die Ausführungsunterlagen die Toleranzklasse für einzelne Bauteile oder ausgewählte Teile eines errichteten Tragwerks angeben.

ANMERKUNG Die Entscheidung, Toleranzklasse 2 für einen Teil des Tragwerks heranzuziehen, kann jedoch z. B. notwendig sein, um bei einer einzupassenden verglasten Fassade die an der Übergangsstelle zu fordernde Mindestspaltweite und die Justierbarkeit zu reduzieren.

Bei der Anwendung von Tabelle B.23 sollte die hervorstehende Länge einer vertikalen Ankerschraube (in deren Solllage, sofern einstellbar) je 20 mm Länge nur um höchstens 1 mm aus dem Lot sein. Eine gleichartige Anforderung würde für die Ausrichtung einer horizontal oder unter einem Winkel angeordneten Schraube gelten.

11.3.3 Alternative Kriterien

Sofern festgelegt, dürfen die folgenden alternativen Kriterien angewendet werden:

a) für geschweißte Tragwerke die folgenden Klassen nach EN ISO 13920:

   1) Klasse C für Längen- und Winkelmaße;

   2) Klasse G für Geradheit, Ebenheit und Parallelität.

b) für nicht geschweißte Bauteile gelten die gleichen Kriterien wie unter (a);

c) in Fällen außerhalb des Anwendungsbereichs von EN ISO 13920 ist für eine Abmessung d eine zulässige Abweichung ±Δ erlaubt, die dem größeren Wert von d/500 oder 5 mm entspricht.

Entscheidend ist also immer, was vorrangig die Anwendungsnorm bezüglich der Toleranzvorgaben aussagt oder ob pauschal auf eine der Toleranzklassen für Längen- und Winkelmaße bzw. für Gradheits-, Ebenheits- und Parallelitätstoleranzen verwiesen wird.

Die Festlegung von Toleranzklassen nimmt Rücksicht auf die unterschiedlichen Anforderungen in den verschiedenen Anwendungsbereichen. Ihnen liegen die werkstattüblichen Genauigkeiten zugrunde. Dennoch ist zur Einhaltung der verschiedenen Toleranzklassen unterschiedlicher Aufwand erforderlich. Der Aufwand und die Fertigungskosten wachsen jeweils mit der höheren Toleranzklasse, siehe Bild 3.10.

Die Toleranzklasse kann für ein gesamtes Bauwerk, für ein Bauteil dieses Bauwerkes oder sogar nur für ein Maß eines Bauteiles (meist nur für Grenzmaße für Längen- und Winkelmaße) festgelegt werden.

<table>
<tr><th colspan="5">Toleranzklassen nach DIN EN ISO 13920</th></tr>
<tr><td>Längenmaße
Winkelmaße</td><td>A</td><td>B</td><td>C</td><td>D</td></tr>
<tr><td>Gradheits-, Ebenheits- und Parallelitätstoleranzen</td><td>E</td><td>F</td><td>G</td><td>H</td></tr>
<tr><td rowspan="2">Auswirkungen auf Aufwand und Fertigungskosten</td><td colspan="4">Zunahme der Größe →
von Toleranzen</td></tr>
<tr><td colspan="4">Aufwand
←
Kosten der Fertigung</td></tr>
</table>

Bild 3.10: Zusammenhang zwischen Größe von zulässigen Toleranzen und Auswirkungen auf Aufwand und Fertigungskosten

Generell ist wichtig, dass ein Konstrukteur bei den Fällen, bei denen die Gebrauchstauglichkeit eines Bauteiles nicht mit der Forderung der Toleranzklassen A oder E zu erreichen ist, schärfere Toleranzen maßlich auf der Zeichnung fordern muss. Die Verwendung von allgemeinen Toleranzklassen ist dann nicht mehr möglich.

Für die Grenzmaße von Längenmaßen gilt Tabelle 1 der DIN EN ISO 13920, die nachstehend als Tabelle 3.18 wiedergegeben ist.

Für die Grenzmaße von Winkelmaßen gilt Tabelle 2 der DIN EN ISO 13920, die nachstehend als Tabelle 3.19 wiedergegeben ist.

Entsprechend den Messmöglichkeiten in der Werkstatt und in Abhängigkeit vom Bauteil kann wahlweise das Grenzabmaß in

- Grad und/oder Minuten oder
- in mm/m

gemessen werden.

Bild 3.11 enthält die Zusammenfassung der Bilder 1 bis 5 der DIN EN ISO 13920.

Für die Gradheits-, Ebenheits- und Parallelitätstoleranzen gilt Tabelle 3 der DIN EN ISO 13920, die nachstehend als Tabelle 3.20 wiedergegeben ist.

Tabelle 3.18: Grenzabmaße für Längenmaße (Tabelle 1 von DIN EN ISO 13920:1996-11)

Toleranzklasse	Nennmaßbereich l (in mm)										
	2 bis 30	über 30 bis 120	über 120 bis 400	über 400 bis 1 000	über 1 000 bis 2 000	über 2 000 bis 4 000	über 4 000 bis 8 000	über 8 000 bis 12 000	über 12 000 bis 16 000	über 16 000 bis 2 0000	über 2 0000
	Grenzabmaße t (in mm)										
A	± 1	± 1	± 1	± 2	± 3	± 4	± 5	± 6	± 7	± 8	± 9
B		± 2	± 2	± 3	± 4	± 6	± 8	± 10	± 12	± 14	± 16
C		± 3	± 4	± 6	± 8	± 11	± 14	± 18	± 21	± 24	± 27
D		± 4	± 7	± 9	± 12	± 16	± 21	± 27	± 32	± 36	± 40

Tabelle 3.19: Grenzabmaße für Winkelmaße (Tabelle 2 von DIN EN ISO 13920:1996-11)

Toleranzklasse	Nennmaßbereich l (in mm) (Länge oder kürzerer Schenkel)		
	bis 400	über 400 bis 1 000	über 1 000
	Grenzabmaße $\Delta\alpha$ (in Grad und Minuten)		
A	± 20′	± 15′	± 10′
B	± 45′	± 30′	± 20′
C	± 1°	± 45′	± 30′
D	± 1° 30′	± 1° 15′	± 1°
	Gerechnete und gerundete Grenzabmaße t (in mm/m[1])		
A	± 6	± 4,5	± 3
B	± 13	± 9	± 6
C	± 18	± 13	± 9
D	± 26	± 22	± 18

[1]) Die Angabe in mm/m entspricht dem Tangenswert der Grenzabmaße. Sie ist mit der Länge in Meter des kürzeren Schenkels zu multiplizieren.

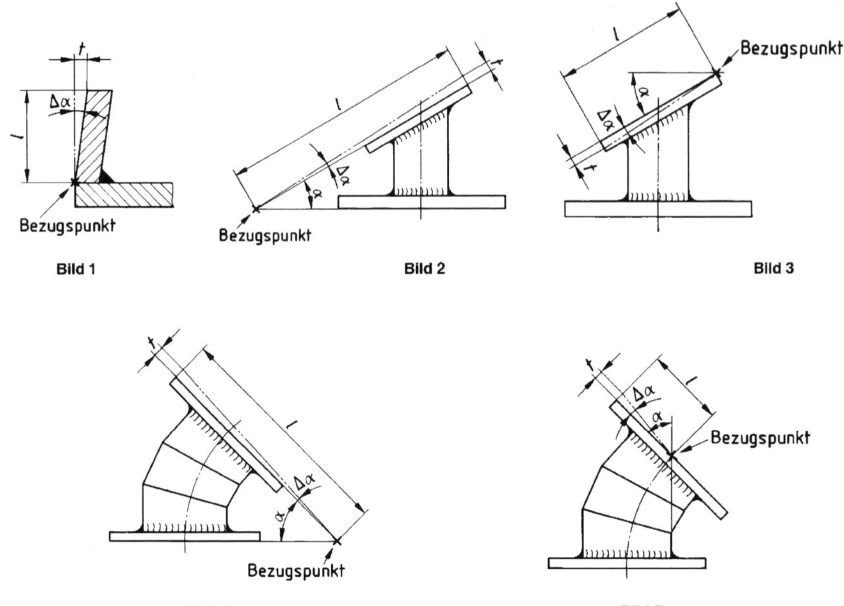

Bild 3.11: Messmöglichkeiten von Winkelmaßen (Bilder 1 bis 5 von DIN EN ISO 13920:1996-11)

Tabelle 3.20: Gradheits-, Ebenheits- und Parallelitätstoleranzen (Tabelle 3 von DIN EN ISO 13920:1996-11)

Toleranz-klasse	Nennmaßbereich l (in mm) (bezieht sich auf die längere Seite der Oberfläche)									
	über 30 bis 120	über 120 bis 400	über 400 bis 1 000	über 1 000 bis 2 000	über 2 000 bis 4 000	über 4 000 bis 8 000	über 8 000 bis 12 000	über 12 000 bis 16 000	über 16 000 bis 2 0000	über 2 0000
	Toleranzen t (in mm)									
E	0,5	1	1,5	2	3	4	5	6	7	8
F	1	1,5	3	4,5	6	8	10	12	14	16
G	1,5	3	5,5	9	11	16	20	22	25	25
H	2,5	5	9	14	18	26	32	36	40	40

Einzelheiten zur Messung der Gradheit, Ebenheit und Parallelität sind in den Bildern 3.12 bis 3.14 (Bilder 6 bis 8 von DIN EN ISO 13920:1996-11) wiedergegeben.

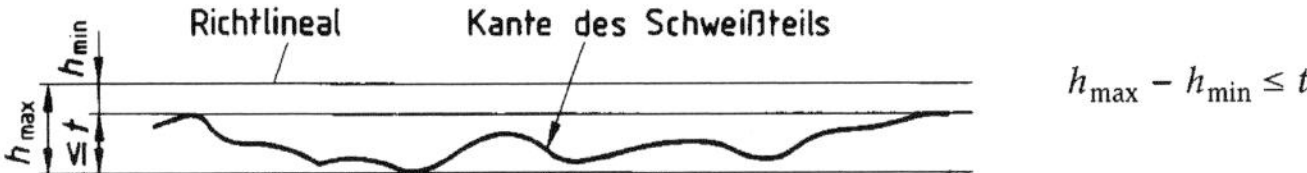

Bild 3.12: Gradheitsprüfung (Bild 6 von DIN EN ISO 13920:1996-11)

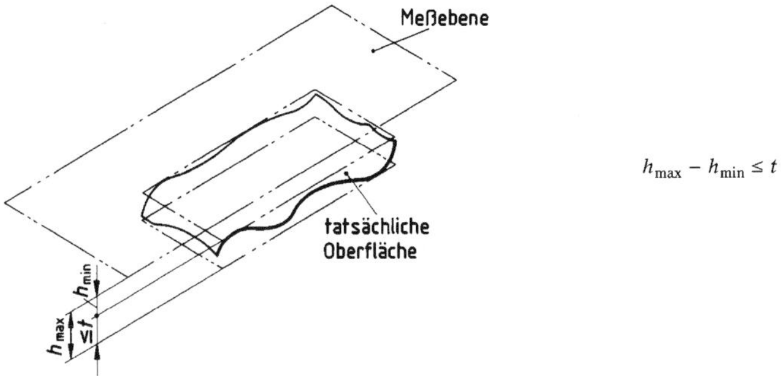

Bild 3.13: Ebenheitsprüfung (Bild 7 von DIN EN ISO 13920:1996-11)

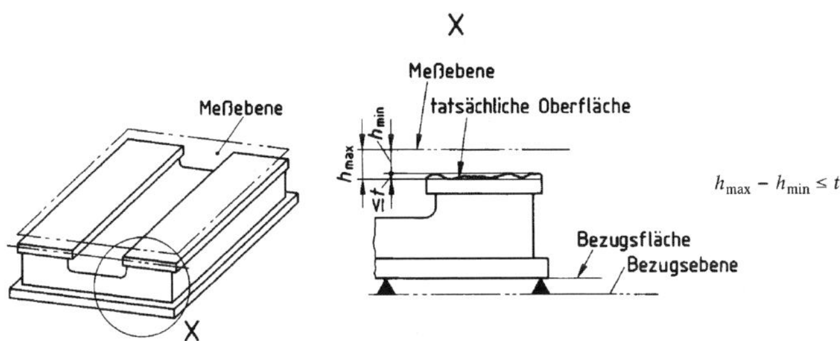

Bild 3.14: Parallelitätsprüfung (Bild 8 von DIN EN ISO 13920:1996-11)

Allgemein geltende Empfehlungen zur Auswahl der Toleranzklasse können nicht gegeben werden. Für die Auswahl von Toleranzklassen sind die Bedeutung und die Funktion des Bauteiles unbedingt zu beachten. Dabei können auch aus statischen Gründen zusätzliche Forderungen hinsichtlich der Gradheit und Ebenheit notwendig werden (Stabilitätsanforderungen). In jedem Fall muss geprüft werden, ob der ggf. erheblich höhere Fertigungsaufwand durch die Festlegung einer höheren Toleranzklasse gerechtfertigt ist.

Bei dünnwandigen Blechkonstruktionen, die ihre Stabilität durch Längs- und Queraussteifungen erhalten, sollten zu hohe Toleranzklassen (z. B. E und F) nach Möglichkeit vermieden werden, da sie im Allgemeinen ein aufwendiges Flammrichten der Bauteile zur Folge haben.

3.8 Wärmenachbehandlung

Teil 4 von DIN EN ISO 3834:2021-08 enthält keine speziellen Anforderungen zur Wärmenachbehandlung. Die Teile 2 und 3 von DIN EN ISO 3834:2021-08 enthalten derartige Forderungen, wobei der Unterschied zwischen den Teilen 2 und 3 darin besteht, dass im Teil 2 eine Rückverfolgbarkeit der Aufzeichnungen zum jeweiligen Produkt zusätzlich gefordert wird:

> Der Hersteller ist voll verantwortlich für die Festlegung und für die Durchführung einer etwaigen Wärmenachbehandlung. Das Verfahren muss auf den Grundwerkstoff, die Schweißverbindung und die Konstruktion abgestimmt sein. Es muss der Produktnorm und/oder den vorgeschriebenen Anforderungen entsprechen. Während des Prozesses muss ein Protokoll über die Wärmebehandlung geführt werden. Das Protokoll muss nachweisen, dass die Festlegungen befolgt wurden, und muss bis zum jeweiligen Produkt rückverfolgbar sein.

Die zurzeit zum Thema Wärmebehandlung verfügbare Norm ist derzeit in DIN EN ISO 17663:2009-10 „Schweißen – Qualitätsanforderungen für die Wärmebehandlung in Verbindung mit Schweißen und verwandten Prozessen“ überführt. Die Inhaltspunkte dieser Norm sind nachstehend wiedergegeben:

Vorwort
1 Anwendungsbereich
2 Normative Verweisungen
3 Begriffe und Definitionen
4 Technische Prüfung
5 Untervergabe
6 Personal
7 Überwachung und Prüfung
8 Einrichtungen für die Wärmebehandlung
9 Tätigkeiten bei der Wärmebehandlung
10 Bericht über die Wärmebehandlung
11 Mangelnde Übereinstimmung und Korrekturmaßnahme
12 Qualitätsberichte
13 Literaturhinweise

Hinweise auf mögliche Wärmebehandlungen, insbesondere bezüglich Temperaturen und Haltezeiten, sind in Produktnormen zu finden. Es bleibt nur dem Anwender übrig, die Anwendungsnorm intensiv auf mögliche Anforderungen bezüglich einer Wärmenachbehandlung nach dem Schweißen zu sichten und diese Anforderungen bei der Bestellung und Durchführung der Wärmebehandlung umzusetzen. DIN EN ISO 17663:2009-10 ist mehr als eine darüber stehende Norm zu sehen, die aber keine konkreten Parameter rein wegen der vielfach von Produkten und Werkstoffen für die Wärmebehandlung liefern kann.

3.9 Kalibrierung und Validierung von Mess-, Überwachungs- und Prüfeinrichtungen

Teil 4 von DIN EN ISO 3834:2021-08 enthält keine speziellen Anforderungen zur Kalibrierung und Validierung von Mess-, Überwachungs- und Prüfeinrichtungen. Teil 2 von DIN EN ISO 3834: 2021-08 verlangt die Kalibrierung und Validierung von Mess-, Überwachungs- und Prüfeinrichtungen:

Der Hersteller ist verantwortlich für eine geeignete Kalibrierung oder Validierung der Mess-, Überwachungs- oder Prüfeinrichtungen. Alle Mess-, Überwachungs- und Prüfeinrichtungen, die der Ermittlung der Qualität der Konstruktion dienen, müssen in geeigneter Weise kontrolliert und in vorgeschriebenen Zeiträumen validiert oder kalibriert werden.

Die Übereinstimmung mit den Festlegungen des Schweißverfahrens muss durch validierte Mess-, Überwachungs- und Prüfeinrichtungen überprüft werden. Die Kalibrierung oder Validierung von Schweißeinrichtungen entbindet den Hersteller nicht von der Verantwortung nachzuweisen, dass nach WPS gearbeitet wird.

Teil 3 von DIN EN ISO 3834:2021-08 verlangt die Kalibrierung und Validierung von Mess-, Überwachungs- und Prüfeinrichtungen nur, wenn sie gefordert wird (z. B. vom Anwendungsregelwerk oder in der Liefervereinbarung).

Der Hersteller ist verantwortlich für eine geeignete Kalibrierung oder Validierung der Mess-, Überwachungs- oder Prüfeinrichtungen.

Die Einhaltung der Schweißanweisung ist durch den Einsatz von validierten Mess-, Überwachungs- und Prüfeinrichtungen nachzuweisen. Die Kalibrierung oder Validierung von Schweißeinrichtungen entbindet den Hersteller nicht von der Verantwortung, nachzuweisen, dass nach WPS gearbeitet wird.

Da in der Vergangenheit häufig Audits von Schweißbetrieben zur Zertifizierung nach DIN EN ISO 9001 auch von Auditoren durchgeführt worden sind, die keine schweißtechnische Erfahrung besaßen, und deswegen manchmal zu hohe (und mitunter auch unsinnige) Forderungen hinsichtlich der Kalibrierung oder Validierung von Einrichtungen gestellt worden sind, wurde DIN EN ISO 17662:2016-09 „Schweißen – Kalibrierung und Validierung von Mess-, Überwachungs- und Prüfeinrichtungen einschließlich ergänzender Tätigkeiten, die beim Schweißen verwendet werden“ erarbeitet.

Durch die Anwendung dieser Norm soll sichergestellt werden, dass nur sinnvolle Kalibrierungs- und Validierungsmaßnahmen beim Schweißen durchgeführt werden.

Im Anwendungsbereich der Norm DIN EN ISO 17662:2016-09 ist festgehalten:

Diese Internationale Norm legt die Anforderungen an die Kalibrierung, Verifizierung und Validierung von

Einrichtungen fest, die verwendet werden, um

- während der Fertigung die Prozessgrößen zu überwachen, und
- die Eigenschaften der beim Schweißen oder bei verwandten Prozessen verwendeten Einrichtungen zu überwachen, wenn die erzielten Ergebnisse durch anschließende Überwachung, Inspektion und Prüfung nicht einfach oder wirtschaftlich dokumentiert werden können. Dies schließt die Einflussgrößen der Prozesse, die auf die Gebrauchseigenschaften und besonders auf die Sicherheit des hergestellten Erzeugnisses einwirken, mit ein.

Nachstehend sind die wichtigen Auszüge aus Abschnitt 3 „Begriffe“ von DIN EN ISO 17662:2016-09 wiedergegeben, wobei die Abschnittnummern dieser Norm beibehalten wurden:

3.3 Kalibrierung

Anzahl von Vorgängen, die unter bestimmten Bedingungen eine Beziehung zwischen Mengenwerten, die von einem Messgerät oder -system ausgegeben wurden, oder Werten, die durch eine Materialmessung oder ein Referenzmaterial und den entsprechenden Werten der Normen angegeben sind

3.10 Validierung

Bestätigung durch Bereitstellen eines objektiven Nachweises, dass die Anforderungen für einen spezifischen beabsichtigten Gebrauch (z. B. Kundenspezifikation) oder eine spezifische beabsichtigte Anwendung (z. B. Produktnorm) erfüllt worden sind

3.11 Verifizierung

Bestätigung durch Bereitstellen eines objektiven Nachweises, dass festgelegte Anforderungen erfüllt worden sind.

Anmerkung 1 zum Begriff: Verifizierung gilt außerdem als eine nachträgliche Bestätigung, dass ein verfügbarer Prozess zu einem erwarteten Erfolgsgrad geführt hat.

In DIN EN ISO 17662:2016-09 sind sowohl allgemeine Anforderungen (Abschnitt 4) als auch allgemeine Prozessangaben für die Schweißprozesse (Abschnitt 5) und spezielle Anforderungen für die verschiedenen Schweißprozesse (meist in Tabellenform) in den Abschnitten 6 bis 17 enthalten, die angeben, wann bei welchen Tätigkeiten und Einrichtungen Kalibrierung, Validierung oder Verifizierung durchgeführt werden muss. Als Beispiel ist nachstehend Tabelle 25 „Hubzündungs-Bolzenschweißen (Prozessgruppen 783 und 784)“ aus DIN EN ISO 17662:2005-07 als Tabelle 3.21 wiedergegeben.

Tabelle 3.21: Angaben zum Hubzündungs-Bolzenschweißen für die Prozessgruppen 783 und 784 nach DIN EN ISO 4063 (Tabelle 25 aus DIN EN ISO 17662:2016-09)

Bezeichnung	Notwendigkeit der Kalibrierung, Verifizierung oder Validierung	Geräte und Techniken
Schweißstrom	Die Messgeräte müssen validiert werden. Der Schweißstrom ist der Mittelwert der Stromstärke, wobei weder Stromstärkeanstieg, Stromstärkeabfall noch Kurzschlussstrom am Ende des Schweißtaktes berücksichtigt werden. Erforderliche Fehlergrenze ± 10 % des Nennwertes.	Validierung erfolgt mittels eines Stromsensors der Klasse 2.
Einwirkzeit des Stromflusses	Zur Messung der Einwirkzeit des Stromflusses verwendete Geräte müssen validiert werden. Die Einwirkzeit des Stromflusses muss als die Zeit zwischen dem Einschalten des Schweißstroms (50 % des Sollwertes) und dem Beginn der Eintauchbewegung (Ausschalten des Hubmagneten) gemessen werden. Die erforderliche Fehlergrenze beträgt ± 10 % des Nennwertes. ANMERKUNG Die gesamte Schweißzeit hängt von der Art der Schweißpistole, der Schweißposition, der Eintauchgeschwindigkeit, dem Hub usw. ab und wird bei der Prozesssteuerung nicht verwendet (keine Validierung).	Die Validierung kann mit einem Speicheroszilloskop von min. ± 5 % durchgeführt werden.
Hub	Sollte keine Messpunktmarkierung für den Hub vorhanden sein, darf die Abweichung zwischen dem kleinsten und dem größten Ablesewert an einem bestimmten Sollwert 1 mm bei einem Minimum von 10 Hebevorgängen nicht überschreiten. Die Messpunkte sind am kleinsten, am größten Wert und etwa in der Mitte des Einstellbereiches auszuwählen.	Messungen mit Schiebelehren, Stahllinealen usw. Kalibrierung oder Verifizierung derartiger Messgeräte wird in verschiedenen EN-, ISO- und nationalen Normen behandelt.

3.10 Untervergabe

DIN EN ISO 3834:2021-08 gestattet in den Teilen 2 bis 4 ausdrücklich die Untervergabe von Schweißarbeiten, Überwachungs- und Prüftätigkeiten sowie von Wärmebehandlungen. Dies gilt auch für die Tätigkeit der Schweißaufsicht (vergleiche Kapitel 3.2.3), sofern nicht die Anwendungsnorm dies ausschließt.

Bei Untervergabe verbleibt die Endverantwortung beim Hersteller (Auftraggeber). Er ist für die richtige Auswahl des Unterlieferanten verantwortlich und muss ihm alle nötigen Informationen zur Verfügung stellen. Dies kann auch zum Überlassen von Schweißanweisungen und WPQRs (vergleiche Kapitel 3.4) führen, wobei die Verfahrensqualifikation vom Unterlieferanten erneut zu erbringen ist. Eine Schulung und Einweisung der ausführenden Schweißer und Bediener ist meist erforderlich. Ein „Know-how-Transfer“ kann dadurch meist nicht vermieden werden. Der Unterlieferant muss die für die Herstellung oder Montage geforderten Herstellerqualifikationen erbringen. Der Auftraggeber – vertreten meist durch eine Schweißaufsichtsperson – sollte die vorhandenen Herstellerqualifikationen auf Vollzähligkeit und Richtigkeit und die Eignung des Betriebes oder der Baustelleneinrichtungen überprüfen. Erst danach sollte vom Einkauf die kaufmännische Entscheidung erfolgen.

Aufgrund der zunehmenden Globalisierung wird die Bedeutung von Untervergaben weiter zunehmen. „Schwellenländer“ werden in zunehmendem Maße verlangen, dass bei größeren Aufträgen wesentliche Teile im „Vergabeland“ des Auftrages bleiben. Aber der Auftragnehmer sollte auch in diesem Fall daran denken, dass er bei der Untervergabe für die Gesamtqualität verantwortlich ist. Durch ihre Partnerorganisationen im Land des Unterlieferanten kann eine Vorauswahl und Beurteilung des vorgesehenen Unterlieferanten erfolgen, was erhebliche Kosteneinsparung für den deutschen Auftragnehmer bedeuten kann. Unbedingt ist zu beachten, welche Herstellerqualifikation für die Ausführung vom deutschen Auftragnehmer gefordert wird. Diese muss – wie bereits ausgeführt – auch der Unterlieferant erbringen. Das kann aber bedeuten, dass eine Herstellerqualifikation nach den nationalen Regelwerken des Unterlieferanten nicht anerkannt werden kann. Damit eine Untervergabe erfolgreich wird, sind dem Auftragnehmer (Unterlieferanten) auch alle Anforderungen für das zu liefernde Produkt bekannt zu geben einschließlich der Überlassung von kundenspezifischen Regelwerken (Kundenspezifikationen). Der Unterlieferant hat die gleichen Anforderungen zu erfüllen, wie sie an den Auftraggeber gestellt werden. Wichtig zu prüfen vor einer Untervergabe ist eine mögliche Forderung des Auftraggebers, ob dieser einer möglichen Untervergabe zuzustimmen hat.

4 Qualitätsanforderungen beim Bolzenschweißen und Widerstandsschweißen

4.1 Bolzenschweißen

4.1.1 Allgemeines

Für das Bolzenschweißen gab es zum Zeitpunkt der Erstellung des Manuskriptes dieses Fachbuches zwei Normen:

- DIN EN ISO 13918:2021-12, Schweißen – Bolzen und Keramikringe zum Lichtbogenbolzenschweißen;
- DIN EN ISO 14555:2017-10, Schweißen – Lichtbogenbolzenschweißen von metallischen Werkstoffen.

DIN EN ISO 13918:2021-12 beschreibt Bolzenwerkstoffe und Abmessungen von Bolzen und Keramikringen. Sie enthält die Angaben zur Konformität und zum CE-Zeichen. Die Norm hat keinen Bezug zur Normenreihe DIN EN ISO 3834 und wird deshalb in diesem Fachbuch nicht weiter behandelt.

DIN EN ISO 14555:2017-10 ist eine „Typ B-Norm“ (alle Anforderungen für das Bolzenschweißen sind in einer einzigen Norm zusammengefasst).

Im Abschnitt 1 „Anwendungsbereich“ von DIN EN ISO 14555:2017-10, nachstehend auszugsweise wiedergegeben, wird bereits auf die Normenreihe DIN EN ISO 3834 verwiesen.

> ... Dieses Dokument ist anzuwenden, wenn der Nachweis des Herstellers zur Erzeugung von geschweißten Konstruktionen einer bestimmten Qualität verlangt wird.
>
> ANMERKUNG Allgemeine Qualitätsanforderungen für Schmelzschweißungen an metallischen Werkstoffen sind in ISO 3834-1, ISO 3834-2, ISO 3834-3, ISO 3834-4 und ISO 3834-5 festgelegt.

Die Norm enthält im **normativen** Anhang B „Qualitätsanforderungen beim Bolzenschweißen“ mit der Tabelle B.1, nachstehend als Tabelle 4.1 wiedergegeben, einen direkten Bezug zu den Teilen 2 bis 4 der Normenreihe DIN EN ISO 3834.

Tabelle 4.1: Qualitätsanforderungen beim Bolzenschweißen (Tabelle B.1 aus DIN EN ISO 14555:2017-10)

Qualitätsanforderungen nach ISO 3834-2, ISO 3834-3 oder ISO 3834-4 für das Bolzenschweißen	Umfassende Qualitätsanforderungen nach ISO 3834-2	Standard-Qualitätsanforderungen nach ISO 3834-3	Elementare Qualitätsanforderungen nach ISO 3834-4
Anwendungsgebiete, sofern nicht anders festgelegt	ermüdungsbeanspruchte Bolzen	Bolzen mit definierter ruhender Beanspruchung	Bolzen mit undefinierter ruhender Beanspruchung, z. B. Ofenbau, hitzebeständige Anwendungen
Fachwissen der Schweißaufsicht	Grundkenntnisse nach 6.2		6.2 gilt nicht
Qualitätsberichte	Fertigungsbuch nach 14.6		14.6 gilt nicht
Verfahren der Qualifizierung der pWPS	Schweißverfahrensprüfung nach 10.2 oder vorgezogene Arbeitsprüfung nach 10.3		vorliegende Erfahrung nach 10.4
Kalibrierung der Mess- und Prüfgeräte	Verfahren müssen nach 14.8 verfügbar sein	14.8 gilt nicht	
Prozessüberwachung	Arbeitsprüfung nach 14.2; vereinfachte Arbeitsprüfung nach 14.3; Fertigungsüberwachung nach 14.5		vereinfachte Arbeitsprüfung nach 14.3; Fertigungsüberwachung nach 14.5

> Hinweis
>
> Die Abschnittsnummern in Tabelle 4.1 beziehen sich auf die Abschnitte von DIN EN ISO 14555:2017-10.

Je nach Beanspruchungsart wird Teil 2, Teil 3 oder Teil 4 von DIN EN ISO 3834 gefordert, sofern nicht durch die Spezifikation oder das Anwendungsregelwerk eine andere Zuordnung verlangt wird.

Im Abschnitt 5 „Konstruktionsüberprüfung“ von DIN EN ISO 14555 (in der Normenreihe DIN EN ISO 3834 „Überprüfung der Anforderungen genannt), nachstehend auszugsweise wiedergegeben, wird ebenfalls auf die Normenreihe DIN EN ISO 3834 verwiesen:

> Wenn Qualitätsanforderungen durch eine Anwendungsnorm, eine Spezifikation oder nach ISO 3834-2, ISO 3834-3 oder ISO 3834-4 verlangt werden, muss der Hersteller folgende Punkte, soweit zutreffend, prüfen: ...

4.1.2 Bolzenschweißprozesse nach DIN EN ISO 14555

Folgende Schweißprozesse sind in DIN EN ISO 14555:2017-10 enthalten:

Prozess 783 Hubzündungs-Bolzenschweißen mit Keramikring oder Schutzgas,

Prozess 784 Kurzzeit-Bolzenschweißen mit Hubzündung,

Prozess 785 Kondensatorentladungs-Bolzenschweißen mit Hubzündung,

Prozess 786 Kondensatorentladungs-Bolzenschweißen mit Spitzenzündung.

Die Arbeitsbereiche der verschiedenen Prozesse beim Bolzenschweißen mit Hubzündung sind in Tabelle A.1 von DIN EN ISO 14555:2017-10 enthalten und als Tabelle 4.2 wiedergegeben.

Die Eigenschaften beim Kondensatorentladungs-Bolzenschweißen mit Spitzenzündung sind in Tabelle A.2 von DIN EN ISO 14555:2017-10 enthalten und als Tabelle 4.3 wiedergegeben.

4.1.3 Schweißaufsicht

Es wird nach Tabelle 4.1 analog zur Normenreihe DIN EN ISO 3834 bei Umfassenden und Standard-Qualitätsanforderungen eine Schweißaufsicht mit Basiskenntnissen nach DIN EN ISO 14731 gefordert, wobei Abschnitt 6.2 von DIN EN ISO 14555:2017-10 folgende Festlegung enthält:

Die Schweißaufsicht muss nach ISO 14731 ausgeübt werden. Für die Qualifizierung der Schweißaufsichtsperson nach ISO 3834-2, ISO 3834-3 und ISO 3834-4 ist Anhang B zu beachten.

Schweißaufsichtspersonen beim Bolzenschweißen müssen Kenntnisse und Erfahrung im Bolzenschweißen, besonders in dem eingesetzten Bolzenschweißprozess, haben. Sie müssen die richtigen Parameter, z. B. Hub, Überstand (Eintauchmaß), Strom und Schweißzeit, auswählen und einstellen können.

Für das Bolzenschweißen von Bauteilen ohne definierte statische Belastung ist eine Schweißaufsicht entbehrlich (siehe Anhang B).

Tabelle 4.2: Arbeitsbereiche der verschiedenen Prozesse beim Bolzenschweißen mit Hubzündung (Tabelle A.1 aus DIN EN ISO 14555:2017-10)

Schweißprozesse[a]	Schweißzeit t_W ms	Schweißdurchmesser d_W und Schweißpositionen[b] mm	Stromstärke I A	Schweißbadschutz	Mindestwerkstückdicke mm
Hubzündungs-Bolzenschweißen mit Keramikring oder Schutzgas (783)	> 100	3 bis 25 PA 3 bis 20 PE 3 bis 16 PC	300 bis 3 000	CF	0,25 *d*, aber mindestens 1 mm[c]
	> 100	3 bis 16 PA 3 bis 8 PC	300 bis 2 000	SG	0,125 *d*, aber mindestens 1 mm[c]
Kurzzeit-Bolzenschweißen mit Hubzündung (784)	< 100	3 bis 12, alle Schweißpositionen	bis 1 800	NP, SG	0,125 *d*, aber mindestens 0,6 mm[c]
Kondensatorentladungs-Bolzenschweißen mit Hubzündung (785)	< 10	3 bis 10, alle Schweißpositionen	bis 4 000 (Spitze)	NP, (SG)	0,1 *d*, aber mindestens etwa 0,5 mm[c]

[a] Nach ISO 4063.
[b] Nach ISO 6947.
[c] Die Mindestgrundwerkstoffdicke vermeidet das Durchbrennen. Andere Anwendungsanforderungen können größere Grundwerkstoffdicken fordern.

Tabelle 4.3: Eigenschaften beim Kondensatorentladungs-Bolzenschweißen mit Spitzenzündung (Tabelle A.2 aus DIN EN ISO 14555:2017-10)

Verfahren	Eigenschaft							
	Schweißprozess[a]	Schweißdurchmesser d_W mm	Spitzenstrom ≈ I A	Schweißzeit ≈ ms	Federkraft ≈ N	Eintauchgeschwindigkeit ≈ m/s	Zündung	Typische Anwendung
Kontaktverfahren	786	0,8 bis 10	10 000	2 bis 10	60 bis 100 abhängig von der Kolbenmasse	0,5 bis 0,7	immer korrekt	Schweißen von (unlegiertem und legiertem) Stahl, verzinkte oder ölige Oberflächen
Spaltverfahren	786	0,8 bis 10 (Aluminium bis 6)	15 000	0,5 bis 3	40 bis 60	0,5 bis 1 (Aluminium 1 bis 1,5)	meistens korrekt, Frühzündung möglich	Schweißen von Aluminium und Messing

[a] Nach ISO 4063.

4.1.4 Bediener der Bolzenschweißeinrichtung

Abschnitt 6.1 von DIN EN ISO 14555:2017-10 regelt die Anforderungen an die Bediener von Bolzenschweißeinrichtungen und ist nachstehend wiedergegeben:

> Die Qualifizierung kann durch eine Schweißverfahrensprüfung (siehe 10.2) oder eine vorgezogene Arbeitsprüfung (siehe 10.3) erfolgen und muss Prüfungen nach den in Abschnitt 12 festgelegten Annahmekriterien einschließen, sofern zutreffend.
>
> Bediener von Bolzenschweißeinrichtungen müssen Fachwissen zur Bedienung, zur ordnungsgemäßen Einstellung der Einrichtung und zur richtigen Ausführung der Schweißung besitzen. Dabei ist auf guten Kontakt und geeignete Anbringung der Massekabel und auf gleichmäßige Verteilung ferromagnetischer Massen (siehe Tabelle A.8) [nachstehend als Tabelle 4.4 wiedergegeben] zu achten.
>
> Das Schweißpersonal muss in Übereinstimmung mit ISO 14732 qualifiziert werden.
>
> Qualifizierte Bediener sind für jedes Bolzenschweißgerät mit derselben Methode der Parametereingabe als qualifiziert anzusehen, die bei der Qualifikation verwendet wurde. Ein Wechsel der Schweißprozessvariante (Nummer 783, 784, 785, 786 nach ISO 4063) erfordert eine erneute Qualifizierung.
>
> Eine Prüfung der Fachkenntnisse ist für alle Prüfverfahren erforderlich. Diese Prüfung muss mindestens umfassen:
>
> a) Einstellung der Schweißeinrichtung in Übereinstimmung mit der Schweißanweisung;
>
> b) Grundkenntnisse des Einflusses von geeigneter Anbringung der Massekabel, der Polarität des Bolzens und der Blaswirkung auf das Schweißergebnis (siehe Tabelle A.8) [in diesem Fachbuch Tabelle 4.4];
>
> c) einfache Bewertung der Schweißverbindung auf Unregelmäßigkeiten (siehe Tabellen A.5, A.6 und A.7);
>
> d) sichere Ausführung der Schweißung, d. h. guter Kontakt des Bolzens im Bolzenhalter, Pistole beim Schweißen ruhig halten, Kontrolle des Ablaufes und richtige Haltung der Schweißpistole.

4.1.5 Qualifizierung von Bolzenschweißverfahren

Folgende Verfahren zur Qualifizierung von Bolzenschweißverfahren sind grundsätzlich möglich. Anwendungsregelwerke oder Spezifikationen können jedoch die Auswahl des Qualifizierungsverfahrens einschränken.

a) Qualifizierung durch Schweißverfahrensprüfung nach Abschnitt 10.2 [von DIN EN ISO 14555:2017-10]
b) Qualifizierung durch Vorgezogene Arbeitsprüfung nach Abschnitt 10.3 [von DIN EN ISO 14555:2017-10]
c) Qualifizierung aufgrund Vorliegender Erfahrung nach Abschnitt 10.4 [von DIN EN ISO 14555:2017-10]

Der Umfang der Verfahrensprüfung (Zahl der schweißenden Bolzen) und die Art der durchzuführenden Prüfungen ist vom Schweißprozess abhängig.

Einzelheiten sind dem Abschnitt 10 aus DIN EN ISO 14555:2017-10 „Qualifizierung des Schweißverfahrens" zu entnehmen.

4.1.6 Prüfverfahren beim Bolzenschweißen

Folgende Prüfverfahren werden beim Bolzenschweißen angewendet:

- **Sichtprüfung**

  Ist bei allen Verfahren anzuwenden. Es wird beim Hubzündungs-Bolzenschweißen (Prozesse 783 und 784) die Form, Größe und Vollständigkeit des Schweißwulstes geprüft. Beim Kondensatorentladungs-Bolzenschweißen mit Hubzündung (Prozess 785) und beim Kondensatorentladungs-Bolzenschweißen mit Spitzenzündung (Prozess 786) wird die Gleichmäßigkeit des Spritzerkranzes untersucht.

Tabelle 4.4: Blaswirkung und einige mögliche Abhilfemaßnahmen (Tabelle A.8 aus DIN EN ISO 14555:2017-10)

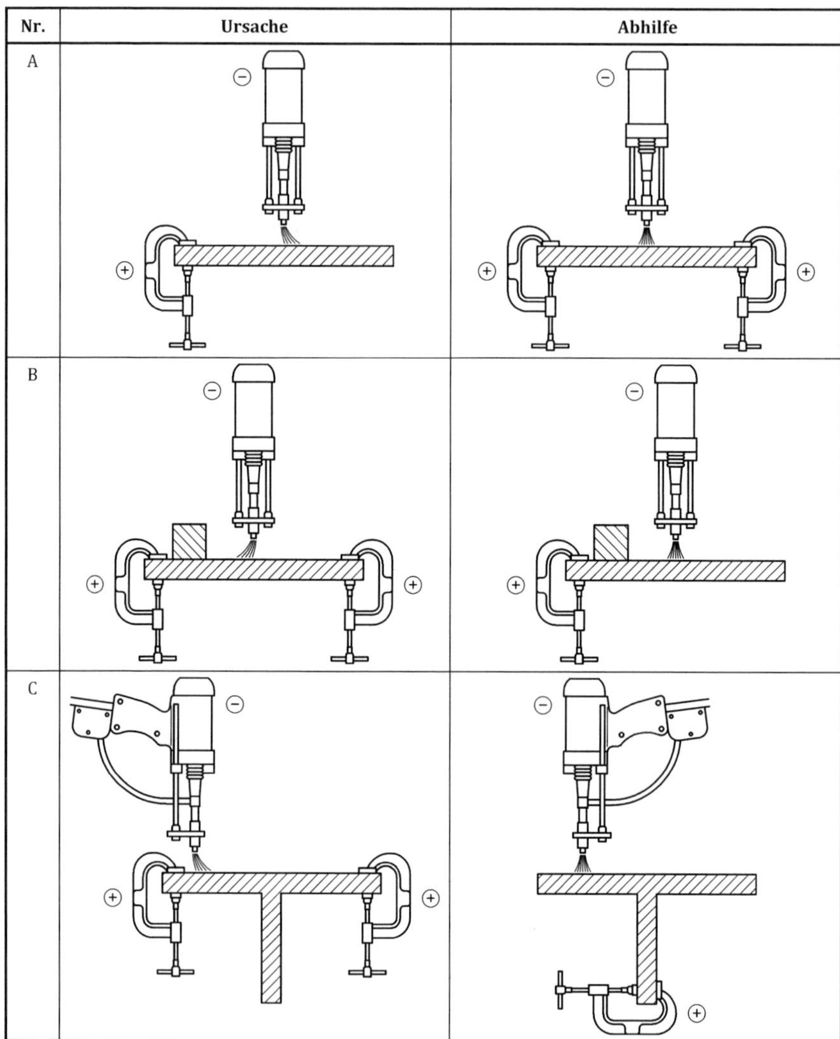

ANMERKUNG Blaswirkung ist proportional zur Stromstärke und kann durch symmetrische Anbringung der Masseklemmen und durch Anlegen von Ausgleichsmassen oder (bei Handpistolen mit außen liegendem Schweißkabel) durch Drehen der Pistole um die senkrechte Achse beeinflusst werden. Blaswirkung ruft einseitige Anschmelzung hervor und kann die Porenzahl im Schweißgut erhöhen, sie kann jedoch durch geeignete Anwendung von verschiedenen Abhilfemaßnahmen verringert werden.

- **Biegeprüfung**

  Diese Prüfung ist eine einfache Arbeitsprobe zur überschläglichen Kontrolle der gewählten Schweißdaten. Beim Hubzündungs-Bolzenschweißen (Prozess 783 und 784) wird der Bolzen um 60°, beim Kondensatorentladungs-Bolzenschweißen mit Hubzündung (Prozess 785) und beim Kondensatorentladungs-Bolzenschweißen mit Spitzenzündung (Prozess 786) wird der Bolzen um 30° gebogen.

- **Zugprüfung**

  Diese Prüfung wird bei dem Prozess 783 bei Bolzeneinsatz bei Temperaturen ≤ 100 °C und generell bei den Prozessen 785 und 786 zur Überprüfung des Tragverhaltens – vornehmlich bei Verfahrensprüfungen und Arbeitsprüfungen (nur bei den Prozessen 785 und 786) – eingesetzt.

- **Drehmomentenprüfung**

  Diese Art der Prüfung durch ein Biegemoment wird für Bolzeneinsatz bei Temperaturen > 100 °C zur Wärmeübertragung (Prozess 783) und generell bei dem Prozess 784 bei Durchmessern ≤ 12 mm angewendet.

- **Makroschliff**

  Es wird eine Schnittfläche durch die Bolzenmitte untersucht. Geprüft wird vornehmlich auf Form und Tiefe des Einbrandes und auf Ausführungsfehler wie z. B. Lunkerrisse aufgrund zu geringen Hubs. Es wird mit maximal 10-facher Vergrößerung geprüft.

- **Durchstrahlungsprüfung**

  Die Bolzen müssen über dem Schweißwulst abgetrennt werden. Optimale Prüfung zum Auffinden von Poren. Dagegen werden in aller Regel Lunkerrisse nicht erkannt. Diese Prüfung wird nur bei Verfahrensprüfungen bei Bolzendurchmesser > 12 mm von Bolzen, die bei ≤ 100 °C eingesetzt werden, anstatt der Zugprüfung angewendet.

4.1.7 Fertigungsüberwachung beim Bolzenschweißen

Die Qualität beim Bolzenschweißen hängt nicht nur von den gewählten Schweißparametern ab. Sie ist auch abhängig von der Pistolenhaltung, der Art und der Oberfläche des zu schweißenden Grundwerkstoffs und vor allem von der Funktion der Schweißpistole. Die Tabellen A.5 bis A.7 von DIN EN ISO 14555:2017-10 zeigen mögliche Unregelmäßigkeiten bei den verschiedenen Bolzenschweißprozessen. Ein Ausschnitt aus Tabelle A.5 von DIN EN ISO 14555:2017-10 ist nachstehend als Tabelle 4.5 wiedergegeben.

Deshalb ist bei allen Bolzenschweißarbeiten eine laufende Fertigungsüberwachung durch Sichtprüfungen und Kontrolle der Schweißparameter erforderlich. Außerdem werden Arbeitsprüfungen und vereinfachte Arbeitsprüfungen im Abschnitt 14 „Prozeßüberwachung“ in DIN EN ISO 14555:2017-10 gefordert.

Arbeitsprüfung

Arbeitsprüfungen sind durch den Hersteller vor Beginn der Schweißarbeiten an einer Konstruktion oder einer Gruppe gleichartiger Konstruktionen und/oder nach einer bestimmten Anzahl von Schweißungen durchzuführen. Diese Anzahl ist aus der zutreffenden Anwendungsnorm zu entnehmen oder muss in einer Spezifikation festgelegt sein.

Die Arbeitsprüfung beschränkt sich auf den verwendeten Bolzendurchmesser, Grundwerkstoff und Gerätetyp. Für Bolzenschweißarbeiten, die nach 10.3.2 qualifiziert wurden, ist keine Arbeitsprüfung erforderlich.

Der Umfang der Arbeitsprüfung (Zahl der schweißenden Bolzen) und die Art der durchzuführenden Prüfungen ist von dem eingesetzten Schweißprozess abhängig.

Vereinfachte Arbeitsprüfung

Die vereinfachten Arbeitsprüfungen sind vor jedem Schichtbeginn vom Hersteller durchzuführen. Sie können auch nach einer bestimmten Anzahl von Schweißungen durch Festlegungen in der zutreffenden Anwendungsnorm oder Spezifikation gefordert werden.

Die vereinfachte Arbeitsprüfung dient zur Kontrolle der richtigen Geräteeinstellung, einschließlich der richtigen Arbeitsweise der Geräte. Dabei sind drei Bolzen zu schweißen. Die vereinfachten Arbeitsprüfungen können mindestens folgende Prüfungen und Untersuchungen umfassen:

a) Sichtprüfung (alle Bolzen);

b) Biegeprüfung (alle Bolzen).

Die Untersuchungen und Prüfungen werden nach Abschnitt 11 durchgeführt und bewertet. Die Ergebnisse der vereinfachten Arbeitsprüfung sind zu dokumentieren.

Für jeden Bolzenschweißprozess ist ein gesondertes Fertigungsbuch zu führen. Im informativen Anhang H von DIN EN ISO 14555:2017-10 ist ein Beispiel eines Fertigungsbuchs enthalten, nachstehend als Tabelle 4.6 wiedergegeben.

Tabelle 4.5: Unregelmäßigkeiten und empfohlene Korrekturmaßnahmen beim Hubzündungs-Bolzenschweißen mit Keramikring oder Schutzgas (Prozess 783) – Auszug aus Tabelle A.5 aus DIN EN ISO 14555:2017-10

Sichtprüfung oder Makroschliff			
4	Schweißwulst einseitig mit unzulässiger Unterschneidung (siehe 12.6). 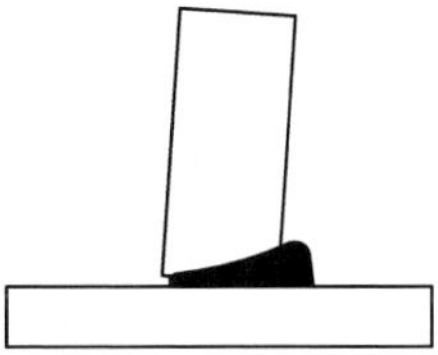	Blaswirkung. Keramikring nicht zentriert.	Siehe Tabelle A.8. Zentrierung verbessern.
5	Schweißwulst sehr niedrig, Oberfläche glänzend starke Spritzer. Bolzen nach dem Schweißen zu kurz. 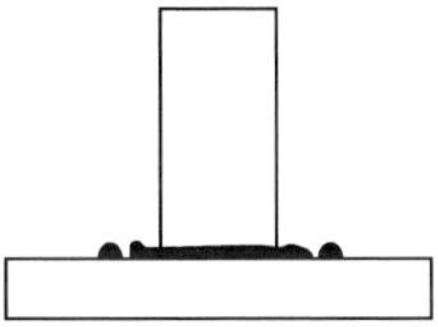	Schweißenergie zu hoch. Eintauchgeschwindigkeit zu groß.	Strom und/oder Zeit verringern. Eintauchmaß und/oder Dämpfung justieren.
Bruchprüfung			
6	Ausknöpfen des Grundwerkstoffs. 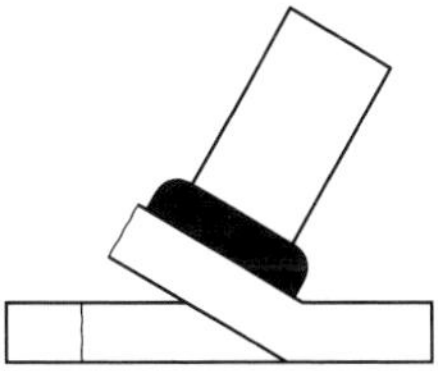	Annehmbar (Parameter sind korrekt).	Keine.
7	Bruch oberhalb des Wulstes nach ausreichender Verformung. 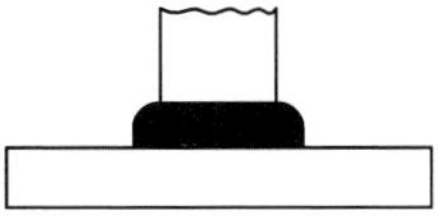	Annehmbar (Parameter sind korrekt).	Keine.

Tabelle 4.6: Beispiel eines Fertigungsbuchs (nach Anhang H aus DIN EN ISO 14555:2017-10)

Tag der Schweißung	Schicht-Nr.	Anzahl der Schweißungen	WPS-Nr.	Projekt-Nr./ Zeichnungs-Nr./ Teil-Nr.	Bolzendurchmesser/ -länge mm	Zeit der Prüfschweißung	Anzahl/ Ergebnis der Klangprobe	Anzahl/ Ergebnis der Sichtprüfung	Anzahl/ Ergebnis der Biegeprüfung

4.2 Widerstandsschweißen

4.2.1 Allgemeines

Bei der Überarbeitung der Normenreihe ISO 3834 zur Ausgabe 2005 wollte man den Geltungsbereich der Norm auf alle Schweißverfahren einschließlich des thermischen Spritzens ausweiten, um ein einheitliches Normenwerk für die Qualitätsanforderungen beim Schweißen und verwandten Prozessen zu erhalten. Dies wurde sowohl von den Fachleuten der Widerstandsschweißtechnik als auch im ISO/TC 44 abgelehnt. Ursache war bei den Fachleuten der Widerstandsschweißtechnik u. a. die Tatsache, dass zum Zeitpunkt des Beginns der Überarbeitung der Normenreihe ISO 3834 (DIN EN 729) im Dezember 2000 die Normenreihe DIN EN ISO 14554 gerade erst erschienen war.

Die Normenreihe DIN EN ISO 14554 besteht heute im Gegensatz zu der Norm für Qualitätsanforderungen beim Schmelzschweißen von metallischen Werkstoffen, DIN EN ISO 3834, nur aus zwei Teilen:

DIN EN ISO 14554:2014-05, Schweißtechnische Qualitätsanforderungen – Widerstandsschweißen metallischer Werkstoffe

Teil 1: Umfassende Qualitätsanforderungen,

Teil 2: Elementar-Qualitätsanforderungen.

Der Aufbau der Normenreihe ist mit Ausnahme der Tatsache, dass sie keinen allgemeinen Teil und keinen Teil für Standard-Qualitätsanforderungen enthält, an die Normenreihe ISO 3834 angepasst.

Beim Bedienungspersonal von Widerstandsschweißeinrichtungen unterscheidet die Normenreihe in beiden Teilen zwischen Bediener und Einrichter, wobei eine Prüfung für Einrichter nur in Teil 1 als eine von drei Möglichkeiten genannt wird. In der Normenreihe DIN EN ISO 3834 wird dagegen in den Teilen 2, 3 und 4 der geprüfte Bediener gefordert (vergleiche Abschnitt 3.2.2).

Bediener

Alle Bediener von Widerstandsschweißeinrichtungen müssen auftragsbezogen angelernt werden.

Einrichter für das Widerstandsschweißen

Der Einrichter für das Widerstandsschweißen ist die Fachkraft, die befähigt ist, Widerstandsschweißeinrichtungen nach spezifizierten Schweißanweisungen einzurichten. Er hat die für die Durchführung qualitätssichernder Arbeiten im Widerstandsschweißbereich erforderlichen Kenntnisse und Fertigkeiten.

Die erforderlichen Kenntnisse und Fertigkeiten dürfen durch hinreichende Erfahrungen, interne Ausbildungsberichte oder Prüfungsbescheinigungen nach einer geeigneten Norm nachgewiesen werden.

Lediglich im Nationalen Anhang zu DIN EN ISO 14554-1:2014-05 und im Literaturverzeichnis findet sich ein Hinweis auf DIN EN ISO 14732 bzw. ISO 14732.

Der Anhang A „Gesamtübersicht über die schweißtechnischen Qualitätsanforderungen" mit Bezug auf ISO 14554-1 und ISO 14554-2 ist in beiden Teilen der Normenreihe gleichlautend enthalten. Die Tabelle A.1 beider Normteile ist nachstehend als Tabelle 4.7 wiedergegeben.

4.2.2 Umfassende Qualitätsanforderungen beim Widerstandsschweißen

Wie das auch in der Normenreihe DIN EN ISO 3834 geregelt ist, ist nur der Teil 1 der Normenreihe DIN EN ISO 14554 anzuwenden, wenn vom Hersteller ein Qualitätsmanagementsystem nach DIN EN ISO 9001 gefordert wird. Deshalb wird im Teil 1 auch eine volldokumentierte Prüfung bei dem Element „Vertragsprüfung" (entspricht teilweise dem Element „Prüfung der Anforderungen" in der Normenreihe DIN EN ISO 3834:2021) gefordert.

Eine Schweißaufsicht ist nur nach DIN EN ISO 14554-1 in Abschnitt 6.4 explizit gefordert, wobei auf DIN EN ISO 14731 verwiesen wird (vergleiche Kapitel 3.2.3):

> Der Hersteller muss über geeignetes Schweißaufsichtspersonal verfügen, damit das schweißtechnische Personal die notwendigen Schweiß- und Arbeitsanweisungen erhält und die Arbeit sorgfältig ausgeführt und überwacht werden kann. Geeignet in diesem Sinne ist, wer über eine Qualifikation nach den allgemeinen Empfehlungen in ISO 14731 [5] für das Widerstandsschweißen (Fachmann für das Widerstandsschweißen) verfügt. ISO 14731:2006 [5], Anhang A, ist nicht auf das Widerstandsschweißen anwendbar. Die Personen, die Verantwortung für die Qualitätsaufgaben haben, müssen hinreichende Vollmachten besitzen, um alle notwendigen Maßnahmen veranlassen zu können. Die Pflichten, Wechselbeziehungen und Grenzen der Verantwortungsbereiche jener Personen sollten eindeutig festgelegt werden.

Tabelle 4.7: Gesamtübersicht über die schweißtechnischen Qualitätsanforderungen mit Bezug auf DIN EN ISO 14554-1 und DIN EN ISO 14554-2 (Tabelle A.1 aus DIN EN ISO 14554-1 und aus DIN EN ISO 14554-2)

Elemente	Dieser Teil der ISO 14554 (Umfassende Qualitätsanforderungen)	ISO 14554-2 (Elementar-Qualitätsanforderungen)
Vertragsprüfung	voll dokumentierte Prüfung	Nachweis, dass Eignung und Information vorhanden sind
Konstruktionsprüfung	Konstruktionsunterlagen für die Schweißungen sind zu bestätigen	
Unterauftragnehmer	behandeln wie Hersteller	muss Norm erfüllen
Einrichter für das Widerstands-schweißen	nachgewiesen durch ausreichende Erfahrung, interne Ausbildungsberichte oder nach einer geeigneten Norm	nachgewiesen durch ausreichende Erfahrung oder interne Ausbildungsberichte
Schweißaufsicht	Schweißaufsichtspersonal mit entsprechenden technischen Kenntnissen nach ISO 14731 [5] oder Personen mit gleichartigen Kenntnissen	siehe 6.1
Personal für Überwachung	ausreichendes und befähigtes Personal muss verfügbar sein	ausreichendes und befähigtes Personal verfügbar
Fertigungseinrichtung	gefordert für Vorbereitung, Schneiden, Schweißen, Transport, Heben zusammen mit Sicherheitseinrichtungen und Schutzkleidung	
Instandhaltung der Einrichtung	ist durchzuführen, Instandhaltungsplan ist notwendig	muss angemessen sein
Fertigungsplan	notwendig	muss angemessen sein
Schweißanweisung (WPS)	Anweisungen für die Schweißer müssen verfügbar sein	muss angemessen sein
Anerkennung des Schweißverfahrens	nach Normen der Reihe ISO 15614 [7], Anerkennung durch Anwendungsnormen oder Vertragsbedingungen	muss angemessen sein
Arbeitsanweisung	Schweißanweisung (WPS) oder geeignete Arbeitsanweisungen müssen verfügbar sein	muss angemessen sein
Dokumentation	notwendig	soweit verlangt
Losprüfung von Elektroden und Schweißzusätzen	sofern festgelegt	nicht verlangt

Elemente	Dieser Teil der ISO 14554 (Umfassende Qualitätsanforderungen)	ISO 14554-2 (Elementar-Qualitätsanforderungen)
Lagerung der Grundwerkstoffe	Schutz gegen Umwelteinflüsse erforderlich	
Wärmebehandlung	Festlegung notwendig	
Überwachung vor, während, nach dem Schweißen	wie für festgelegte Verfahren gefordert	Verantwortung, wie im Vertrag festgelegt
Mangelnde Übereinstimmung	Verfahren müssen verfügbar sein	
Kalibrierung	Verfahren müssen verfügbar sein	notwendig, wenn Qualitätsberichte festgelegt sind
Kennzeichnung und Rückverfolgbarkeit	gefordert	wie im Vertrag gefordert
Qualitätsberichte	müssen verfügbar sein, um die Haftungsregeln für das Erzeugnis zu erfüllen	wie im Vertrag gefordert
	mindestens fünf Jahre aufbewahren	

Es muss nach qualifizierten (anerkannten) Schweißanweisungen gearbeitet werden.

4.2.3 Elementar-Qualitätsanforderungen beim Widerstandsschweißen

Wie aus Tabelle 4.7 ersichtlich, sind die Elementar-Qualitätsanforderungen beim Widerstandsschweißen nach DIN EN ISO 14554-2:2014-05 deutlich niedriger als beim Teil 1. Die Anforderungen an viele Elemente sind nur recht allgemein beschrieben.

Für folgende Elemente, die im Teil 1 – zum Teil ausführlich – behandelt werden, gibt es keine Vorgaben im Teil 2:

- Schweißaufsicht;
- Fertigungeinrichtung;
- Instandhaltung der Einrichtungen;
- Fertigungsplan;
- Schweißanweisungen;
- Anerkennung der Schweißverfahren;
- Arbeitsanweisungen;
- Dokumentation;

- Elektroden und Schweißzusätze;
- Qualitätsprüfungen vor, während und nach dem Schweißen;
- Kennzeichnung und Rückverfolgbarkeit;
- Qualitätsberichte.

5 Umsetzen der Normenreihe DIN EN ISO 3834 in den Anwendungsregelwerken

5.1 Allgemeines

In den meisten nationalen – soweit sie noch existieren – sowie in den bereits vorliegenden oder den in Vorbereitung befindlichen Anwendungsregelwerken sind Angaben zu den Qualitätsanforderungen nach der Normenreihe DIN EN ISO 3834 enthalten. Einige Beispiele werden in den Kapiteln 5.2, 5.3 und 5.4 behandelt. Meist ist eine Zuordnung zu den Teilen 2, 3 und 4 von DIN EN ISO 3834 in Abhängigkeit von der Bedeutung des Bauteils in den Anwendungsregelwerken enthalten.

Es muss dabei in jedem Anwendungsregelwerk oder jeder Norm geprüft werden, ob der Bezug zu der Normenreihe DIN EN ISO 3834 als datierter oder undatierter Verweis enthalten ist.

Datierte Verweisung:

Eine datierte Verweisung liegt vor, wenn unmittelbar hinter der Normnummer die Jahreszahl und der Monat der Herausgabe angehängt ist, wobei die Angabe der Jahreszahl allein bereits ausreicht.

> Beispiel
>
> DIN EN 1090-2:2018-09 „Ausführung von Stahltragwerken und Aluminiumtragwerken – Teil 2: Technische Regeln für die Ausführung von Stahltragwerken; Deutsche Fassung EN 1090-2:2018“: Hier wird beispielsweise in Abschnitt 7.6 – Abnahmekriterien auf EN ISO 5817:2014 „Schmelzschweißverbindungen an Stahl, Nickel, Titan und deren Legierungen (ohne Strahlschweißen) Bewertungsgruppen von Unregelmäßigkeiten (ISO 5817:2014), Deutsche Fassung EN ISO 5817:2014“ verwiesen.

Diese Normausgabe von DIN EN ISO 5817:2014 muss auch nach dem Erscheinen einer möglichen Nachfolgenorm DIN EN ISO 5817:20xx „Schweißen – Schmelzschweißverbindungen an Stahl, Nickel, Titan und deren Legierungen (ohne Strahlschweißen) – Bewertungsgruppen von Unregelmäßigkeiten (ISO 5817:20xx); Deutsche Fassung EN ISO 5817:20xx“ weiter angewendet werden, wenn sie in datierter Fassung (also mit Angabe des Ausgabedatums 2003-12 hinter DIN EN ISO 5817) in einem Anwendungsregelwerk oder in einem Vertrag aufgeführt ist.

Undatierte Verweisung

Eine undatierte Verweisung enthält nur die Normnummer ohne Ausgabedatum.

> Beispiel
>
> Beispiel aus DIN EN 1090-2:2018-09 „Ausführung von Stahltragwerken und Aluminiumtragwerken – Teil 2: Technische Regeln für die Ausführung von Stahltragwerken; Deutsche Fassung EN 1090-2:2018“: Hier wird beispielsweise in Abschnitt 7.4.3 – Schweißaufsicht auf EN ISO 14731 verwiesen.

Die Ausgabe von EN ISO 14731:2006 ist zwischenzeitlich ersetzt durch die Ausgabe von EN ISO 14731:2019. Neu ist darin die Umformulierung im Abschnitt 6, der nun betitelt ist mit „Technische Kenntnisse und Kompetenz“. Damit wird eine vollkommen neue Begrifflichkeit wie „Kompetenz“ in diese Norm eingeführt. In der Vorgängerausgabe von DIN EN ISO 14731:2006 war immer nur die Rede von der Qualifizierung im Hinblick auf das Fachwissen; mit der Ausgabe 2019 kam die methodische, soziale und personelle Kompetenz als weitere Anforderung hinzu. Mit der Einführung dieses neuen Begriffes wurden auch Begriffe wie Fähigkeit und Kenntnis neu definiert. Die Neuausgabe der Norm konkretisiert den Begriff der Kompetenz bezüglich der Schweißtechnik und fordert die Kenntnis über Anwendung von schweißtechnischen Normen und verwandten Normen ein, falls diese in den zugewiesenen Aufgaben zur Anwendung kommen. Der Umfang der Berufserfahrung und das für die Schweißaufsicht erforderliche Kompetenzniveau hängen von den Folgen bei Ausfall eines geschweißten Bauteils (Kritikalität) ab. Hier ist also der Hersteller aufgefordert, sich intensiv Gedanken um Anforderungen an sein Bauteil und damit um das Kompetenzniveau der Schweißaufsichtsperson vor einer Benennung zu machen. Neu eingefügt wurde im Anhang B das Merkmal B.20 „Umwelt, Gesundheit und Sicherheit“. Hiernach zählt auch zu den Aufgaben einer Schweißaufsichtsperson, die Umwelt-, Gesundheits- und Sicherheitsaspekte hinsichtlich der national geltenden einschlägigen Regeln und Vorschriften zu berücksichtigen.

Dadurch sind gewisse Merkmale in den beiden Normen unterschiedlich.

5.2 Umsetzen der Normenreihe DIN EN ISO 3834 im Bereich der unbefeuerten Druckbehälter

5.2.1 DIN EN 13445-4

Die Europäische Druckgeräterichtlinie enthält – wie auch die übrigen Europäischen Richtlinien – keinen Bezug zu den Qualitätsanforderungen nach der Normenreihe EN ISO 3834 oder der Vorgängernormenreihe EN 729. Dieser Bezug ist in der Europäischen Norm DIN EN 13445-4:2021-12 „Unbefeuerte Druckbehälter – Teil 4: Herstellung“ im Abschnitt 4.1 „Herstellung“ enthalten und nachstehend wiedergegeben:

> Die allgemeinen Zuständigkeiten des Druckgeräte-Herstellers sind in EN 13445-1:2021 angegeben. Zusätzlich zu diesen Anforderungen muss der Hersteller folgende Punkte sicherstellen: [...]
>
> a) ...
>
> b) ...
>
> c) ...
>
> d) ...
>
> e) die in EN ISO 3834-3:2005 festgelegten Anforderungen an die Schweißqualität sind als Mindest-Anforderungen erfüllt.

Da die Norm EN ISO 3834-3 datiert ist, muss diese Ausgabe auch nach dem Erscheinen der Normenreihe EN ISO 3834:2021 so lange für die Herstellung von unbefeuerten Druckbehältern angewendet werden, bis in einer Änderung oder in einer Neuausgabe von DIN EN 13445 auf die Normenreihe EN ISO 3834:2021 verwiesen wird.

Die Europäische „Richtlinie 2014/68/EU des Europäischen Parlaments und des Rates vom 15. Mai 2014 zur Harmonisierung der Rechtsvorschriften der Mitgliedstaaten über die Bereitstellung von Druckgeräten auf dem Markt“ (Duckgeräterichtlinie) enthält keinen Bezug zu den Normen, die bei der Herstellung von Druckbehältern anzuwenden sind. Es sind „nur“ allgemein die „Grundlegenden Sicherheitsanforderungen“ nach Anhang I der Druckgeräterichtlinie beim Entwurf, der Fertigung und den zu verwendenden Werkstoffen einzuhalten. Zusätzlich gibt es im Anhang I „Spezifische Anforderungen für bestimmte Druckgeräte“. Dem Hersteller bleibt es zunächst überlassen, nach welchem Regelwerk er das Einhalten der Anforderungen der Druckgeräterichtlinie und somit die Konformität des Druckgerätes mit der Druckgeräterichtlinie sicherstellt, damit das Druckgerät mit dem CE-Zeichen gekennzeichnet werden darf. Die Konformitätsbewertung erfolgt nach Artikel 14 der Druckgeräterichtlinie.

Es darf somit auch nach anderen (auch außereuropäischen) Normen und Regelwerken gefertigt werden, solange die Anforderungen der Druckgeräterichtlinie mit diesen Normen und Regelwerken voll erfüllt werden. Der Besteller kann aber den Entwurf und die Herstellung nach einem bestimmten Regelwerk, z. B. DIN EN 13455-4, in der Liefervereinbarung oder Spezifikation vorschreiben.

5.2.2 AD 2000-Merkblatt HP 0

In Deutschland wurde nach Erscheinen der Europäischen Druckgeräterichtlinie das deutsche Regelwerk für den Entwurf und die Herstellung von Druckbehältern, das AD-Regelwerk, überarbeitet und den Forderungen der Druckgeräterichtlinie angepasst. Es erschien im Jahre 2000 neu als Ausgabe „AD 2000-Merkblätter". Für die Herstellung von Druckbehältern gilt zum jetzigen Zeitpunkt dieses Fachbuches das AD 2000-Merkblatt HP 0:2021-06, korrigierte Fassung 03.2022 „Herstellung und Prüfung von Druckbehältern – Allgemeine Grundsätze für Auslegung, Herstellung und damit verbundene Prüfungen".

Das AD 2000-Regelwerk mit seinen Merkblättern kann alternativ zur Normenreihe DIN EN 13445 bei der Herstellung von Druckbehältern eingesetzt werden. Es hat in Deutschland aufgrund der Geschichte des AD-Regelwerks zunächst die Anwendung von DIN EN 13445 verdrängt, wobei sich zurzeit die Anwendung der Normenreihe DIN EN 13445 – vor allem bei international ausgeschriebenen Aufträgen – immer mehr durchsetzt.

Der Abschnitt 3.1 von AD 2000-Merkblatt HP 0:2021-06, korrigierte Fassung 03.2022 ist nachstehend wiedergegeben:

> **Die Hersteller müssen die Standard Qualitätsanforderungen nach DIN EN ISO 3834-3 erfüllen.**

In den Abschnitten 3.2 bis 3.6 von AD 2000-Merkblatt HP 0:2021-06 sind noch einige weitere Anforderungen an den Hersteller und für die Fertigung von Druckbehältern enthalten, die jedoch nicht im Widerspruch zur DIN EN ISO 3834 stehen.

Die Verweise von Normen und Regelwerken erscheinen undatiert in den einzelnen AD 2000-Merkblättern. Es gibt jedoch das AD 2000-Merkblatt G2:2021-12 „Zusammenstellung aller im AD 2000-Regelwerk zitierten Normen“. In der Ausgabe 2021-12 von AD 2000-Merkblatt G2 ist zwar noch DIN EN ISO 3834-3: 2006-03 genannt. Das Merkblatt G2 wird aber DIN EN ISO 3834-3:2021-08 bei der nächsten Ausgabe berücksichtigen.

5.3 Umsetzen der Normenreihe DIN EN ISO 3834 im bauaufsichtlichen Bereich

5.3.1 Allgemein

Im bauaufsichtlichen Bereich dürfen nur die Normen und Regelwerke angewendet werden, die in den Listen der Technischen Baubestimmungen enthalten sind. Dabei können Veränderungen oder Zusatzforderungen in dieser Liste festgelegt werden. Die jeweils geltende Musterliste, die von den Obersten Bauaufsichtsbehörden der Länder der Bundesrepublik in Länderverordnungen umgesetzt wird, ist im Internet unter **www.bauministerkonferenz.de** unter Mustervorschriften und Mustererlasse – Bauaufsicht – Liste der Technischen Baubestimmungen – Teil I (Musterliste) einsehbar. Zum Zeitpunkt der Erstellung des Manuskriptes dieses Fachbuchs galt die Ausgabe Veröffentlichung der Muster-Verwaltungsvorschrift, Technische Baubestimmungen, Ausgabe 2021/1 mit Druckfehlerberichtigung vom 4. März 2022.

Nachstehend ist § 85a der Musterbauordnung (MBO), Fassung November 2002, zuletzt geändert durch Beschluss der Bauministerkonferenz vom 25.09.2020, die ebenfalls von den Obersten Bauaufsichtsbehörden der Länder der Bundesrepublik in Länderverordnungen umgesetzt worden ist, wiedergegeben:

> Die Anforderungen nach § 3 können durch Technische Baubestimmungen konkretisiert werden. Die Technischen Baubestimmungen sind zu beachten. Von den in den Technischen Baubestimmungen enthaltenen Planungs-, Bemessungs- und Ausführungsregelungen kann abgewichen werden, wenn mit einer anderen Lösung in gleichem Maße die Anforderungen erfüllt werden und in der Technischen Baubestimmung eine Abweichung nicht ausgeschlossen ist; §§ 16a Abs. 2, 17 Abs. 1 und 67 Abs. 1 bleiben unberührt.

5.3.2 DIN EN 1090-2 (Stahlbauten)

Es gilt derzeitig nach den Technischen Baubestimmungen, die bei der Erfüllung der Grundanforderungen an Bauwerke zu beachten sind, lfd. Nr. A1, A1.2.4.1, Bemessung und Konstruktion von Stahlbauten, für die Ausführung von Stahltragwerken die Norm DIN EN 1090-2:2018-09 „Ausführung von Stahltragwerken und Aluminiumtragwerken – Teil 2: Technische Regeln für die Ausführung von Stahltragwerken; Deutsche Fassung EN 1090-2:2018".

DIN EN 1090-2:2018-09 enthält im Abschnitt 7 „Schweißen", Unterabschnitt 7.1 „Allgemeines" die folgende Regelung:

> Schweißen muss in Übereinstimmung mit den Anforderungen des maßgebenden Teils von EN ISO 3834 oder, wenn zutreffend, der Normenreihe EN ISO 14554 [vergleiche Abschnitt 4.2 dieses Fachbuchs] – soweit zutreffend – durchgeführt werden.
>
> Anmerkung: Ein Leitfaden zur Einführung der Normenreihe EN ISO 3834 über Qualitätsanforderungen für das Schmelzschweißen metallischer Werkstoffe ist in CEN ISO/TR 3834-6 gegeben.

Im Zusammenhang mit den Ausführungsklassen [abgekürzt mit EXC] sind die folgenden Teile von EN ISO 3834 anzuwenden:

- EXC 1: Teil 4 Elementare Qualitätsanforderungen
- EXC 2: Teil 3 Standard-Qualitätsanforderungen
- EXC 3 und EXC 4: Teil 2 Umfassende Qualitätsanforderungen

Die Bedeutung der Bauteile steigt mit der Ausführungsklasse von 1 nach 4, wobei die Klassen EXC 3 und EXC 4 in der Regel dynamisch beanspruchten Bauteilen zugeordnet werden.

5.3.3 DIN EN 1090-3-3 (Aluminiumkonstruktionen)

Nach den Technischen Baubestimmungen, die bei der Erfüllung der Grundanforderungen an Bauwerke aus Aluminium zu beachten sind, gilt lfd. Nr. A 1.2.4.3 Bemessung und Konstruktion von Aluminiumtragwerken und dort für die Ausführung von Aluminiumtragwerken die Norm DIN EN 1090-3:2019-07 „Ausführung von Stahltragwerken und Aluminiumtragwerken – Teil 3: Technische Regeln für die Ausführung von Aluminiumtragwerken; Deutsche Fassung EN 1090-3:2019".

DIN EN 1090-3:2019-07 enthält im Abschnitt 7 „Schweißen“, Unterabschnitt 7.1 „Allgemeines“ die folgende Regelung:

> Schweißen muss in Übereinstimmung mit den Anforderungen des maßgebenden Teils von EN ISO 3834 durchgeführt werden.
>
> ANMERKUNG 1: Eine Anleitung zur Umsetzung von EN ISO 3834 über Qualitätsanforderungen für das Schmelzschweißen metallischer Werkstoffe ist in CEN ISO/TR 3834-6 enthalten.
>
> Bezüglich der einzelnen Ausführungsklassen gilt für:
>
> - EXC1 EN ISO 3834-4 „Elementare Qualitätsanforderungen“;
> - EXC2 EN ISO 3834-3 „Standard-Qualitätsanforderungen“;
> - EXC3 und EXC4 EN ISO 3834-2 „Umfassende Qualitätsanforderungen“.

Die Bedeutung der Bauteile steigt – wie bei DIN EN 1090-2 – mit der Ausführungsklasse von 1 nach 4, wobei die Klassen EXC 3 und EXC 4 in der Regel dynamisch beanspruchten Bauteilen zugeordnet werden.

Weiterhin steht in Abschnitt 7.4.3 Qualifizierung der Schweißer und Bediener:

> Schweißer müssen nach EN ISO 9606-2 und Bediener nach EN ISO 14732 qualifiziert sein. Die Bediener für Schweißverfahren FSW (Rührreibschweißen) müssen nach EN ISO 25239-3 qualifiziert sein.

5.3.4 DIN EN ISO 17660-1 und -2 (Schweißen von Betonstahl)

In der Musterliste der Technischen Baubestimmungen, die bei der Erfüllung der Grundanforderungen für die Bemessung und Konstruktion von Stahlbeton- und Spannbetontragwerken zu beachten sind, gilt lfd. Nr. A1.2.3.4 Schweißen von Betonstahl und damit DIN EN ISO 17660-1:2006-12 mit Berichtigung DIN EN ISO 17660-1 Ber. 1:2007-08.

DIN EN ISO 17660 Schweißen – Schweißen von Betonstahl gliedert sich in Teil 1: Tragende Schweißverbindungen und Teil 2: Nichttragende Schweißverbindungen.

Abschnitt 8 von DIN EN ISO 17660-1:2006-12 fordert:

Hersteller, die im Betrieb oder auf der Baustelle Schweißarbeiten an tragenden Schweißverbindungen mit Betonstählen ausführen, müssen, soweit zutreffend, die Qualitätsanforderungen nach ISO 3834-3 und die Anforderungen dieses Teils von ISO 17660 voll erfüllen, siehe auch Anhang D.

Der informative Anhang D „Bewertung des Herstellers, der Schweißarbeiten durchführt" von DIN EN ISO 17660-1:2006-12 beschreibt dazu:

Die Bewertung des Herstellers kann (wie zutreffend) durchgeführt werden:

- durch die unabhängige Qualitätsstelle der Firma, oder
- durch den Kunden, oder
- durch eine Zertifizierungsstelle, akkreditiert für die Zertifizierung nach ISO 3834-3 (und mit Erfahrung in der Bewertung von geschweißten Betonstählen)."

Die technischen Ausrüstungen sollen die Anforderungen der ISO 3834-3 voll erfüllen. Dieses muss durch ein Audit überprüft werden. Die Schweißaufsichtspersonen sollten ihre technischen Kenntnisse zum Schweißen von Betonstahl nachweisen und sie sollten nachweisen, dass sie in der Lage sind, Unregelmäßigkeiten in geschweißten Betonstahlverbindungen festzustellen und korrekt zu bewerten. Die Schweißaufsichtspersonen haben im Audit nachzuweisen, dass sie in der Lage sind, Schweißerprüfungen für das Schweißen von Betonstahl durchzuführen und zu bewerten. Deshalb sollten während des Audits Prüfstücke nach Abschnitt 6 geschweißt und geprüft werden.

Nach einem erfolgreichen Audit kann der Hersteller ein Zertifikat für den Betrieb/die Baustelle erhalten.

Die Gültigkeit des Zertifikats sollte für einen Zeitraum von maximal drei Jahren ausgestellt werden und kann für einen weiteren Zeitraum von drei Jahren verlängert werden, wenn ein Reaudit des Herstellers erfolgreich durchgeführt wurde. Das Zertifikat verliert seine Gültigkeit, wenn die Bedingungen, unter denen es ausgestellt wurde, nicht mehr vorliegen.

Wenn ein Hersteller eine Änderung des Geltungsbereiches des Zertifikats während der Geltungsdauer wünscht, wird eine entsprechende Überprüfung des Herstellers erforderlich.

Da der Normverweis auf DIN EN ISO 3834-3 **undatiert** ist, muss die letzte verfügbare Ausgabe DIN EN ISO 3834-3, also von 2021-08 für das schweißtechnische Personal und die betrieblichen Einrichtungen beim Schweißen von Betonstahl angewendet werden.

Abschnitt 8 von DIN EN ISO 17660-2:2006-12 ist nachstehend wiedergegeben:

> Hersteller, die im Betrieb oder auf der Baustelle Schweißarbeiten an nichttragenden Schweißverbindungen mit Betonstählen ausführen, müssen, soweit zutreffend, die Qualitätsanforderungen nach ISO 3834-4 und die Anforderungen dieses Teils von ISO 17660 voll erfüllen.

DIN EN ISO 17660-1:2006-12 und DIN EN ISO 17660-2:2006-12 enthalten nur **undatierte** Verweisungen auf ISO 3834-3 und ISO 3834-4 (DIN EN ISO 3834-3 und DIN EN ISO 3834-4), sodass bei einer Änderung der Normenreihe DIN EN ISO 3834 die jeweils neueste Version dieser Normenreihe zu beachten ist.

5.4 Umsetzen der Normenreihe DIN EN ISO 3834 im Schienenfahrzeugbau

Die Festlegungen zu den Qualitätsanforderungen sind in DIN EN 15085-2:2020-12 „Bahnanwendungen – Schweißen von Schienenfahrzeugen und -fahrzeugteilen – Teil 2: Anforderungen an Schweißbetriebe" enthalten.

Im Abschnitt 5 „Anforderungen an den Hersteller", Abschnitt 5.1 „Allgemeines" von DIN EN 15085-2:2020-12 wird der Bezug zur Normenreihe EN ISO 3834 hergestellt:

> Die Qualitätsanforderungen an Hersteller, die Schweißarbeiten an Schienenfahrzeugen und -fahrzeugteilen durchführen, sind in der Normenreihe EN ISO 3834 festgelegt. Der anzuwendende relevante Teil der Anforderungen nach EN ISO 3834 wird durch die Klassifikationsstufe wie folgt bestimmt: EN ISO 3834-2 für CL 1, EN ISO 3834-3 für CL 2 oder EN ISO 3834-4 für CL 3.

In DIN EN 15085-2 sind drei Klassifizierungsstufen CL 1 bis CL 3 enthalten. Die Klassifikationsstufen (CL, en: classification levels) sind wie folgt definiert:

CL 1: Für geschweißte Schienenfahrzeuge und deren Anschweißteile mit hoher Sicherheitsrelevanz.

CL 2: Für Anschweißteile von Schienenfahrzeugen mit mittlerer Sicherheitsrelevanz. (Schweißverbindungen mit hohem Sicherheitsbedürfnis nach EN 15085-3 sind nicht zulässig.)

CL 3: Für Anschweißteile von Schienenfahrzeugen mit niedriger Sicherheitsrelevanz. (Schweißverbindungen mit hohem oder mittlerem Sicherheitsbedürfnis nach EN 15085-3 sind nicht zulässig.)

Hinweise und Einstufungsbeispiele sind in DIN EN 15085-2 in Tabelle 1 enthalten.

Tabelle B.1 aus dem normative Anhang B „Anforderungen an die Schweißaufsicht von Herstellern" aus DIN EN 15085-2:2020-12 ist nachstehend als Tabelle 5.1 wiedergegeben.

Tabelle 5.1: „Tabelle B.1 — Mindestanforderungen für Hersteller“

Klassifikationsstufe		**CL1**	**CL 2**	**CL 3**
	Art der Tätigkeit (siehe Tabelle 2)			
Nachweis des Herstellers für die Einhaltung (siehe Abschnitt 6)	P, M, D, S	erforderlich	erforderlich	erforderlich
Schweißnahtgüteklassen (CP) nach EN 15085-3	P, M, D, S	alle	CP B2, CP C2, CP C3 und CP D	CP C2 und CP C3 mit niedrigem Sicherheitsbedürfnis und CP D
Qualitätsanforderungen	P, M, D, S	EN ISO 3834-2 EN ISO 14554-1	EN ISO 3834-3 EN ISO 14554-2	EN ISO 3834-4 EN ISO 14554-2
Verantwortliche Schweißaufsicht, niedrigste Stufe	P, D	Stufe A	Stufe B	Stufe C
	S	Stufe B	Stufe C	Stufe C[b]
	M	Stufe A[a]	Stufe B	Stufe C
1. Vertreter der verantwortlichen Schweißaufsicht, niedrigste Stufe	D, S	nicht erforderlich	nicht erforderlich	nicht erforderlich
	P	Stufe A	Stufe C	nicht erforderlich
	M	Stufe A[a]	Stufe C	nicht erforderlich

Klassifikationsstufe		CL1	CL 2	CL 3
	P (kleiner Hersteller) (siehe Anhang C)	Stufe C	Schweißer mit technischen Kenntnissen und Erfahrungen im Schweißen	nicht erforderlich
	M (kleiner Hersteller) (siehe Anhang C)	Stufe C[a]	Schweißer mit technischen Kenntnissen und Erfahrungen im Schweißen	nicht erforderlich
sonstige Vertreter, niedrigste Stufe	D, S	nicht erforderlich	nicht erforderlich	nicht erforderlich
	P, M	ausreichende Anzahl der Stufe C zur Bewältigung der Schweißtätigkeiten und möglichen Schweißschichten	ausreichende Anzahl der Stufe C zur Bewältigung der Schweißtätigkeiten und möglichen Schweißschichten	nicht erforderlich
Schweißer und Bediener	P, M	Schweißer oder Bediener von Schweißeinrichtungen müssen nach EN 15085-4 geprüft werden.		
Prüfpersonal	P, M, S	Prüfpersonal für schweißtechnische Qualitätsprüfungen muss nach EN 15085-5 qualifiziert sein.		
Schweißanweisungen	P, M	Schweißanweisung (WPS) und/oder Bericht über die Qualifizierung des Schweißverfahrens (WPQR) nach EN 15085-4.		

[a] Wenn ein Schweißbetrieb (M= Instandhaltung) über mehrere Standorte verfügt, dürfen die Tätigkeiten der Schweißaufsicht wie folgt koordiniert werden:

- eine verantwortliche Schweißaufsicht der Stufe A zur Verwaltung der Schweißaktivitäten an allen Standorten;
- ein Vertreter der Schweißaufsicht der Stufe A;
- ein Vertreter der Schweißaufsicht der Stufe B für jeden Standort. Bei einem „kleinen" Standort (siehe Anhang C): ein Vertreter der Schweißaufsicht der Stufe C.
- bei Bedarf weitere Vertreter der Schweißaufsicht der Stufe C.

[b] Nur erforderlich für die Schweißnahtgüteklassen CP C2 und CP C3.

6 Zertifizierung nach DIN EN ISO 3834

6.1 Allgemeines

Die Normenreihe DIN EN ISO 3834 enthält in keinem Teil einen Abschnitt über die Zertifizierung. Dennoch wird in einigen Abschnitten auf die Möglichkeit der Zertifizierung von Betrieben oder Herstellern auf diese Normenreihe verwiesen. So ist in der Einleitung von ISO 3834-1:2022 im letzten Absatz ausgeführt:

> Die Normenreihe ISO 3834 kann von internen und externen Organisationen, eingeschlossen Zertifizierungsstellen, benutzt werden, um die Fähigkeit des Herstellers zu bewerten, die Anforderungen des Kunden, gesetzliche Bestimmungen oder die eigenen Anforderungen des Herstellers zu erfüllen.

Im DIN-Fachbericht CEN ISO/TR 3834-6:2007 ist ein Abschnitt 11 enthalten, der nachstehend wiedergegeben ist:

> **11 Bewertung und Zertifizierung**
>
> ISO 3834 fordert keine Bewertung oder Zertifizierung. Der Hersteller kann in Eigenverantwortung die Übereinstimmung mit dem jeweiligen Teil von ISO 3834 erklären. Als Teil dieser Erklärung muss der Hersteller die Normen detailliert benennen, die in den vorgesehenen Kontrollen verwendet werden. Wenn diese in ISO 3834-5 enthalten sind, reicht ein einfacher Bezug auf ISO 3834-5 aus. Dies kann die am meisten benutzte Anwendung von ISO 3834 sein. Wie dem auch sei, ISO 3834 kann angewendet werden, um einen Hersteller durch einen Kunden (zweite Partei) oder durch eine Zertifizierungsstelle (dritte Partei) zu bewerten.

In den meisten Anwendungsnormen wird zurzeit keine Zertifizierung nach der Normenreihe DIN EN ISO 3834 verlangt. Aber der Kunde oder das eigene Qualitätsmanagementhandbuch kann ein Zertifikat nach der Normenreihe DIN EN ISO 3834 durch eine Zertifizierungsstelle verlangen.

Grundsätzlich soll die Zertifizierung nach der Normenreihe ISO 3834 durch eine akkreditierte Zertifizierungsstelle durchgeführt werden (vgl. EA-6/02:2022 – EA Guidelines on the use of ISO/IEC 17065 and ISO/IEC 17021-1 for Certification to EN ISO 3834, Zweck bzw. Abschnitt 1).

Akkreditierungen von Zertifizierungsstellen werden nach der Normenreihe ISO 3834 von nachstehenden Organisationen vorgenommen:

- European Cooperation for Accreditation (EA);
- International Accreditation Forum (IAF);
- International Institute of Welding (IIW).

Für Akkreditierungen in der Europäischen Union gilt die Verordnung (EG) Nr. 765/2008, welche mit der Verabschiedung des Akkreditierungsstellengesetzes (AkkStelleG) vom 31. Juli 2009 in Deutschland umgesetzt wurde. Danach wird die Akkreditierung als hoheitliche Aufgabe des Bundes durch die Deutsche Akkreditierungsstelle (DAkkS) durchgeführt. Die DAkkS ist Mitglied im EA und IAF und setzt die Regularien der beiden Organisationen im Rahmen der Akkreditierungsverfahren von Zertifizierungsstellen um.

6.2 Ablauf des Zertifizierungsverfahrens

Der Hersteller, der eine Zertifizierung nach der Normenreihe DIN EN ISO 3834-2: 2021ff. wünscht, holt Informationen über Zertifizierungsstellen ein. Danach muss er entscheiden, ob er eine akkreditierte Zertifizierungsstelle auswählt (größere Kundenakzeptanz) oder ob er das Zertifikat nur zu seiner Absicherung der Erfüllung der Qualitätsanforderungen nach der Normenreihe DIN EN ISO 3834-2: 2021ff. benötigt. Danach lässt er sich ein Angebot von einer (oder mehreren) Zertifizierungsstellen machen.

Der gesamte Zertifizierungsablauf lässt sich aus der Sicht des Herstellers, der eine Zertifizierung anstrebt, in fünf Phasen aufteilen:

Phase 1:

- Vorabinformation über die Zertifizierungsstellen und Bewertung der Zertifizierungsstelle;
- Anfordern der Antragsunterlagen;
- Auswahl der Zertifizierungsstelle und Antragstellung;
- Erhalt des (oder der) Angebots(e), bei mehreren Angeboten Vergleich;
- Auftragserteilung;
- Erhalt der Auftragsbestätigung;
- Bekanntgabe des Auditteams durch die Zertifizierungsstelle.

Phase 2:

- Akzeptieren der Auditoren, ggf. Ablehnung eines Auditors mit Begründung;
- Erhalt der Information über das Ergebnis der Prüfung der eingereichten Unterlagen;
- falls vom Auditorenteam gefordert, Nachbessern der eingereichten Unterlagen.

Phase 3:

- Terminabsprache für das Audit und Erhalt des Auditplans vom Auditteam;
- Auditdurchführung nach ISO 19011 und EA-6/02:2022 – EA Guidelines on the use of ISO/IEC 17065 and ISO/IEC 17021-1 for Certification to EN ISO 3834;
- zum Abschluss des Audits Durchsprechen des Ergebnisses mit dem Auditteam;
- falls Abweichungen von den Vorgaben vorhanden sind, entweder Nachaudit erforderlich (bei bedeutenden Abweichungen) oder Terminsetzung zur Fehlerbeseitigung (bei weniger bedeutenden Abweichungen).

Phase 4:

- Rechnungserhalt;
- nach Begleichung der Rechnung Erhalt des Zertifikates – Laufzeit in der Regel 3 Jahre;
- Aufnahme in die Liste der zertifizierten Hersteller.

Phase 5:

- Jährliche Überwachung der Zertifizierung (ob dazu ein Audit erforderlich ist, entscheidet der leitende Auditor anhand eines vom Betrieb ausgefüllten Fragebogens);
- Rezertifizierung nach 3 Jahren, Rezertifizierungsaudit soll vor dem Ablaufdatum des aktuellen Zertifikates durchgeführt werden, um eine Zertifizierungslücke auszuschließen.

Wesentlichstes Element der fünf Phasen ist die Durchführung des Audits beim Antragsteller (Hersteller). Während der Auditierung müssen beim Kunden laufende Aufträge auf die Erfüllung und Einhaltung der gestellten Anforderungen überprüft werden, z. B. zu folgenden Inhalten: Auswahl von Schweißprozessen, Schweißfolge, zerstörende und zerstörungsfreie Prüfungen (intern oder extern), Wärmebehandlungen (intern oder extern), Personalqualifikation, Rückverfolgbarkeit, Qualitätsprüfungen und Freigaben etc. Die Überprüfung und Auswahl von Unterauftragnehmern durch den Kunden (z. B. für Prüftätigkeiten, Wärmenachbehandlungen etc.) ist auf Angemessenheit zu auditieren. Nachgewiesene Übereinstimmung, z. B. mit DIN EN ISO 17025, kann dabei als Nachweis gewertet werden.

Ein besonderer Teil der Auditierung zur Feststellung, ob die Forderungen der DIN EN ISO 3834 erfüllt werden, ist die Überprüfung der Zuordnung der Aufgaben und Verantwortung der Schweißaufsichtsperson in Übereinstimmung mit DIN EN ISO 14731. Dazu ist es erforderlich, dass sich der Auditor ausreichende Fähigkeiten (durch ein Fachgespräch) für den Geltungsbereich der Zertifizierung nachweisen lässt.

Der leitende Auditor hat in seinem Abschlussbericht die folgenden Informationen zur Nennung im Zertifikat aufzunehmen:

- Informationen über die hergestellten Produkte, einschließlich Produktnormen (Produktnormen optional);
- verwendete Grundwerkstoffe (einzeln mit Normenangabe, in Gruppen z. B. nach CEN ISO/TR 15608);
- angewendete Prozesse nach DIN EN ISO 4063;
- Abweichungen von DIN-, EN- oder ISO-Normen.

  Erläuterung: Die normativen Referenzen nach DIN EN ISO 3834-5 müssen vom Kunden angewendet werden. In besonderen Fällen kann es zulässig sein, dass der Kunde andere als die o. g. Standards aufgrund von vertraglichen Gegebenheiten anwendet. Diese Abweichungen sollen im Zertifikat angegeben werden. Die Zulässigkeit dieser Abweichungen ist regelmäßig bei den Überwachungsaudits zu überprüfen.

- Name(n), Geburtsdatum und Qualifikation(en) der verantwortlichen Schweißaufsichtsperson(en) und ggf. Vertreter (außerhalb gesetzlich geregelter Bereiche richtet sich die Qualifikation der Schweißaufsichtspersonen nach DIN-Fachbericht CEN ISO/TR 3834-6 „Qualitätsanforderungen beim Schmelzschweißen von metallischen Werkstoffen – Teil 6: Richtlinie zur Einführung von ISO 3834“).

Die Prüfung dieser besonderen Kriterien muss im Auditbericht dokumentiert sein.

Wenn der Hersteller noch andere Zertifikate, z. B. DIN EN ISO 9001, DIN EN 1090-1, DIN EN ISO 17660, DIN EN 15085 oder nach der Druckgeräterichtlinie führt oder anstrebt, können die notwendigen Audits zu einem Gesamtaudit (Kombiaudit) zusammengezogen werden, sofern die ausgewählte Zertifizierungsstelle Akkreditierungen bzw. Anerkennungen für die gewünschten Anwendungsbereiche führt. Durch die gemeinsame Auditierung für mehrere Anwendungsbereiche durch eine Zertifizierungsstelle oder deren Kooperationspartner lassen sich erheblich Kosten einsparen!

7 Zusammenfassung und Ausblick

Die Normenreihe DIN EN 729:1994-11 (identisch mit ISO 3834:1995) und ihre Nachfolgenormenreihe DIN EN ISO 3834 bis hin zur aktuellen Ausgabe 2021-08 haben aufgrund ihrer Bedeutung und ihrer weltweiten Akzeptanz eine Sonderstellung innerhalb der schweißtechnischen Normen von DIN, CEN und ISO. Die Normenreihe DIN EN ISO 3834 kann beim Schweißen von einfachsten Bauteilen bis zur komplexen und sicherheitsrelevanten Komponente angewendet werden.

Die Anwendung der Normenreihe DIN EN ISO 3834:2021-08 hat sich seit Einführung von ISO 3834 im Vergleich zur vorherigen EN 729 erheblich ausgeweitet, da einerseits die europäischen Anwendungsnormenreihen EN 1090 „Ausführung von Stahltragwerken und Aluminiumtragwerken“ sowie EN 15085 „Bahnanwendungen – Schweißen von Schienenfahrzeugen und -fahrzeugteilen“ Bezüge zur Normenreihe EN ISO 3834 haben und die Einhaltung der Qualitätsanforderungen verlangen, andererseits wird durch die „Öffnung“ im Abschnitt 2 von DIN EN ISO 3834-5 erreicht wird, dass auch Länder wie die USA und Japan diese Normenreihe anwenden können, ohne alle schweißtechnischen ISO-Normen zur Anwendung übernehmen zu müssen.

Bei der Anwendung von Normen ist aber das „Denken“ ausdrücklich erlaubt und erwünscht. Genauso wie der Satz „Qualität lässt sich nicht erprüfen, sondern muss hergestellt werden!“ (vergleiche Kapitel 2.2) gilt, kann eine Norm allein keine Qualität erzeugen. Wenn aber der qualitätsbewusste Hersteller die Norm mit Verstand und mit seiner Herstellererfahrung anwendet, wird er keinen Schiffbruch erleiden. Die Einhaltung und Umsetzung der Normenreihe DIN EN ISO 3834, verbunden mit seiner Herstellererfahrung, ermöglicht jedem Hersteller – unabhängig vom Anwendungsbereich –, Schweißarbeiten in der jeweils geforderten Qualität auszuführen.

Anmerkung des Autors:

Dem Normenausschuss Schweißtechnik (NAS) ist es zu verdanken, dass schweißtechnische Normen heute im Jahr 2022 in Deutschland zu ca. 95 % DIN-EN-ISO-Normen sind. Viele Personen waren „Motoren“ bei der Entwicklung der europäischen und internationalen schweißtechnischen Normung. Den deutschen Herstellern wurde und wird immer noch sehr früh Gelegenheit gegeben, sich auf die neuen internationalen Regelwerke einzustellen. Ziel des Normenausschusses Schweißtechnik ist es immer, dass ein deutscher Hersteller mit einer Schweißerprüfung, einer Verfahrensqualifikation und einer Zertifizierung weltweit ohne Zusatzqualifikation tätig werden kann, was bei einem exportorientierten Land wie der Bundesrepublik Deutschland von besonderer Wichtigkeit ist. Die Schaffung der Normenreihe DIN EN ISO 3834 war dafür eine wichtige Voraussetzung.

Damit der Normenausschuss Schweißtechnik die europäische und internationale Normung unterstützen kann, bedarf es einerseits guter Delegierter mit viel Praxiserfahrung in den internationalen Ausschüssen, andererseits bedarf es der finanziellen Unterstützung des NAS durch die Industrie und das Handwerk. Dazu wurde der Förderkreis „Schweißen und verwandte Prozesse" im NAS gegründet. Für einen relativ geringen Betrag (abhängig von der Betriebsgröße), der sich durch viele Informationsvorsprünge gegenüber Nichtmitgliedern des Förderkreises mehrfach amortisiert, erhalten die Mitglieder regelmäßig Informationen über neue Normungsprojekte und den jeweiligen Stand der schweißtechnischen Normung.

Als Vertreter der deutschen Delegierten, – Rainer Zwätz seit 1986 und meiner Person seit ca. 2000 –, die die schweißtechnische europäische und die internationale Normung betreut haben und heute noch aktiv sind, fordere ich Handwerk und Industrie auf, sich aktiv im Förderkreis des NAS zu beteiligen, damit auch zukünftig Deutschland sich in besonderer Weise in die internationale schweißtechnische Normung zum Wohle der deutschen Hersteller und Anwender von Normen einbringen kann.

Außerdem fordere ich Industrie und Handwerk auf, gut englischsprechende Praktiker als deutsche Delegierte für die internationale Normung freizustellen. Wer in der Normung mitarbeitet, kann agieren und muss nicht nur reagieren! Er kann die Normung zum Vorteil seiner Firma beeinflussen!

8 Schrifttum

In diesem Buch wurden folgende Normen und Regelwerke erwähnt und besprochen, sowie daraus Abschnitte zitiert und Tabellen und Bilder abgedruckt:

DIN EN 1090-1:2012-02 „Ausführung von Stahltragwerken und Aluminiumtragwerken – Teil 1: Konformitätsnachweisverfahren für tragende Bauteile; Deutsche Fassung EN 1090-1:2009+A1:2011

DIN EN 1090-2:2018-09 „Ausführung von Stahltragwerken und Aluminiumtragwerken – Teil 2: Technische Regeln für die Ausführung von Stahltragwerken; Deutsche Fassung EN 1090-2:2018"

DIN EN 1090-3:2019-07 „Ausführung von Stahltragwerken und Aluminiumtragwerken – Teil 3: Technische Regeln für die Ausführung von Aluminiumtragwerken; Deutsche Fassung EN 1090-3:2019"

DIN EN 15085-2:2020-12 „Bahnanwendungen – Schweißen von Schienenfahrzeugen und -fahrzeugteilen – Teil 2: Anforderungen an Schweißbetriebe; Deutsche Fassung EN 15085-2:2020"

DIN EN 15085-4:2008-01 „Bahnanwendungen – Schweißen von Schienenfahrzeugen und -fahrzeugteilen – Teil 4: Fertigungsanforderungen; Deutsche Fassung EN 15085-4:2007"

DIN EN 15085-5:2008-01 „Bahnanwendungen – Schweißen von Schienenfahrzeugen und -fahrzeugteilen – Teil 5: Prüfung und Dokumentation; Deutsche Fassung EN 15085-5:2007"

DIN EN ISO 3834-1:2022-01 „Qualitätsanforderungen für das Schmelzschweißen von metallischen Werkstoffen – Teil 1: Kriterien für die Auswahl der geeigneten Stufe der Qualitätsanforderungen (ISO 3834-1:2021); Deutsche Fassung EN ISO 3834-1:2021"

DIN EN ISO 3834-2:2021-08 „Qualitätsanforderungen für das Schmelzschweißen von metallischen Werkstoffen – Teil 2: Umfassende Qualitätsanforderungen (ISO 3834-2:2021); Deutsche Fassung EN ISO 3834-2:2021"

DIN EN ISO 3834-3:2021-08 „Qualitätsanforderungen für das Schmelzschweißen von metallischen Werkstoffen – Teil 3: Standard-Qualitätsanforderungen (ISO 3834-3:2021); Deutsche Fassung EN ISO 3834-3:2021"

DIN EN ISO 3834-4:2021-08 „Qualitätsanforderungen für das Schmelzschweißen von metallischen Werkstoffen – Teil 4: Elementare Qualitätsanforderungen (ISO 3834-4:2021); Deutsche Fassung EN ISO 3834-4:2021"

DIN EN ISO 3834-5:2022-01 „Qualitätsanforderungen für das Schmelzschweißen von metallischen Werkstoffen – Teil 5: Dokumente, deren Anforderungen erfüllt werden müssen, um die Übereinstimmung mit den Qualitätsanforderungen nach ISO 3834-2, ISO 3834-3 oder ISO 3834-4 nachzuweisen (ISO 3834-5:2021); Deutsche Fassung EN ISO 3834-5:2021"

DIN-Fachbericht CEN/ISO TR 3834-6:2007-05 „Qualitätsanforderungen für das Schmelzschweißen von metallischen Werkstoffen – Teil 6: Richtlinie zur Einführung von ISO 3834 (ISO/TR 3834-6:2007); Deutsche Fassung CEN ISO/TR 3834-6:2007"

DIN EN ISO 5817:2014-06 „Schweißen – Schmelzschweißverbindungen an Stahl, Nickel, Titan und deren Legierungen (ohne Strahlschweißen) – Bewertungsgruppen von Unregelmäßigkeiten (ISO 5817:2014); Deutsche Fassung EN ISO 5817:2014"

DIN EN ISO 9000:2015-11 „DIN EN ISO 9001:2015-11 „Qualitätsmanagementsysteme – Grundlagen und Begriffe (ISO 9000:2015); Deutsche und Englische Fassung EN ISO 9000:2015"

DIN EN ISO 9001:2015-11 „Qualitätsmanagementsysteme – Anforderungen (ISO 9001:2015); Deutsche und Englische Fassung EN ISO 9001:2015"

DIN EN ISO 9004:2018-08 „Qualitätsmanagement – Qualität einer Organisation – Anleitung zum Erreichen nachhaltigen Erfolgs (ISO 9004:2018); Deutsche und Englische Fassung EN ISO 9004:2018"

DIN EN ISO 9606-1:2017-12 „Prüfung von Schweißern – Schmelzschweißen – Teil 1: Stähle (ISO 9606-1:2012, einschließlich Cor 1:2012 und Cor 2:2013); Deutsche Fassung EN ISO 9606-1:2017"

DIN EN ISO 9712:2012-12 „Zerstörungsfreie Prüfung – Qualifizierung und Zertifizierung von Personal der zerstörungsfreien Prüfung (ISO 9712:2012); Deutsche Fassung EN ISO 9712:2012"

DIN EN ISO 10042:2019-01 „Schweißen – Lichtbogenschweißverbindungen an Aluminium und seinen Legierungen – Bewertungsgruppen von Unregelmäßigkeiten (ISO 10042:2018); Deutsche Fassung EN ISO 10042:2018"

DIN EN ISO 12932:2013-10 „Schweißen – Laserstrahl-Lichtbogen-Hybridschweißen von Stählen, Nickel und Nickellegierungen – Bewertungsgruppen für Unregelmäßigkeiten (ISO 12932:2013); Deutsche Fassung EN ISO 12932:2013"

DIN EN ISO 13445-4:2021-12 „Unbefeuerte Druckbehälter – Teil 4: Herstellung; Deutsche Fassung EN 13445-4:2021"

DIN EN ISO 13918:2021-12 „Schweißen – Bolzen und Keramikringe für das Lichtbogenbolzenschweißen (ISO 13918:2017 + Amd 1:2021); Deutsche Fassung EN ISO 13918:2018 + A1:2021“

DIN EN ISO 13919-1:2020-03 „Elektronen- und Laserstrahl-Schweißverbindungen – Anforderungen und Empfehlungen für Bewertungsgruppen für Unregelmäßigkeiten – Teil 1: Stahl, Nickel, Titan und deren Legierungen (ISO 13919-1:2019); Deutsche Fassung EN ISO 13919-1:2019“

DIN EN ISO 13919-2:2021-06 „Elektronen- und Laserstrahl-Schweißverbindungen – Anforderungen und Empfehlungen für Bewertungsgruppen für Unregelmäßigkeiten – Teil 2: Aluminium, Magnesium und ihre Legierungen und reines Kupfer (ISO 13919-2:2021); Deutsche Fassung EN ISO 13919-2:2021“

DIN EN ISO 13920:1996-11 „Schweißen – Allgemeintoleranzen für Schweißkonstruktionen – Längen- und Winkelmaße; Form und Lage (ISO 13920:1996); Deutsche Fassung EN ISO 13920:1996“

DIN EN ISO 14555:2017-10 „Schweißen – Lichtbogenbolzenschweißen von metallischen Werkstoffen (ISO 14555:2017); Deutsche Fassung EN ISO 14555: 2017“

DIN EN ISO 14731:2019-07 „Schweißaufsicht – Aufgaben und Verantwortung (ISO 14731:2019); Deutsche Fassung EN ISO 14731:2019“

DIN EN ISO 14732:2013-12 „Schweißpersonal – Prüfung von Bedienern und Einrichtern zum mechanischen und automatischen Schweißen von metallischen Werkstoffen (ISO 14732:2013); Deutsche Fassung EN ISO 14732:2013“

DIN EN ISO 15607:2020-02 „Anforderung und Qualifizierung von Schweißverfahren für metallische Werkstoffe – Allgemeine Regeln (ISO 15607:2019); Deutsche Fassung EN ISO 15607:2019“

DIN EN ISO 15609:2019-12 „Anforderung und Qualifizierung von Schweißverfahren für metallische Werkstoffe – Schweißanweisung – Teil 1: Lichtbogenschweißen (ISO 15609-1:2019); Deutsche Fassung EN ISO 15609-1:2019“

DIN EN ISO 15614-1:2020-05 „Anforderung und Qualifizierung von Schweißverfahren für metallische Werkstoffe – Schweißverfahrensprüfung – Teil 1: Lichtbogen- und Gasschweißen von Stählen und Lichtbogenschweißen von Nickel und Nickellegierungen (ISO 15614-1:2017 + Amd 1:2019); Deutsche Fassung EN ISO 15614-1:2017 + A1:2019“

DIN EN ISO 15614-2:2005-07 „Anforderung und Qualifizierung von Schweißverfahren für metallische Werkstoffe – Schweißverfahrensprüfung – Teil 2: Lichtbogenschweißen von Aluminium und seinen Legierungen (ISO 15614-2:2005); Deutsche Fassung EN ISO 15614-2:2005“

DIN EN ISO 17660-1:2006-12 „Schweißen – Schweißen von Betonstahl – Teil 1: Tragende Schweißverbindungen (ISO 17660-1:2006); Deutsche Fassung EN ISO 17660-1:2006“

DIN EN ISO 17660-2:2006-12 „Schweißen – Schweißen von Betonstahl – Teil 2: Nichttragende Schweißverbindungen (ISO 17660-2:2006); Deutsche Fassung EN ISO 17660-2:2006“

DIN EN ISO 17662:2016-09 „Schweißen – Kalibrierung, Verifizierung und Validierung von Einrichtungen einschließlich ergänzender Tätigkeiten, die beim Schweißen verwendet werden (ISO 17662:2016); Deutsche Fassung EN ISO 17662:2016“

DIN EN ISO 17663:2009-10 „Schweißen – Qualitätsanforderungen zur Wärmebehandlung beim Schweißen und bei verwandten Prozessen (ISO 17663:2009); Deutsche Fassung EN ISO 17663:2009“

AD 2000 HP 0:2021-06 „Herstellung und Prüfung von Druckbehältern – Allgemeine Grundsätze für Auslegung, Herstellung und damit verbundene Prüfungen“